La competencia comunicativa en contextos de educación superior del ámbito de la ingeniería civil

Clara Ureña Tormo
Lorena Bort-Mir

Editoras

La competencia comunicativa en contextos de educación superior del ámbito de la ingeniería civil

tirant humanidades
Valencia, 2025

Clara Ureña Tormo y Lorena Bort-Mir

©TIRANT HUMANIDADES
EDITA: TIRANT HUMANIDADES
C/ Artes Gráficas, 14 46010 Valencia
TELFS.: 96/361 00 48 50
FAX: 96/369 41 51
Email:tlb@tirant.com
www.tirant.com
Librería virtual: www.tirant.es
DEPÓSITO LEGAL: V-4499-2025
ISBN: 978-84-1081-716-6
MAQUETA: Disset ediciones

Si tiene alguna queja o sugerencia, envíenos un mail a: atencioncliente@tirant.
com. En caso de no ser atendida su sugerencia, por favor, lea en *www.tirant.net/
index.php/empresa/politicasdeempresa* nuestro Procedimiento de quejas.

Responsabilidad Social Corporativa:
http://www.tirant.net/Docs/RSCTirant.pdf

Clara Ureña Tormo es profesora titular del Departamento de Lingüística Aplicada de la Universitat Politècnica de València, donde actualmente coordina el área de Lengua Española. Posee una dilatada experiencia docente de grado y posgrado en materias relacionadas con la enseñanza del español, la comunicación académica y la formación del profesorado de lenguas. Ha participado en varios proyectos de investigación y su producción científica incluye publicaciones de impacto sobre comunicación especializada, adquisición del español, fraseología y lingüística cognitiva.

Lorena Bort Mir es profesora permanente laboral del Departamento de Lingüística Aplicada de la Universitat Politècnica de València. Dra. en Lingüística Aplicada, interesada en el estudio del lenguaje figurativo multimodal y en la intersección de los modos comunicativos, el lenguaje y las emociones. Su producción científica más actual se centra en la investigación sobre el procesamiento e impacto de la comunicación multimodal en audiencias interculturales y neurodivergentes.

Índice

Índice

Introducción
Innovación y mejora educativa para desarrollar la comunicación efectiva

Clara Ureña Tormo
Departamento de Lingüística Aplicada,
Universitat Politècnica de València

Lorena Bort-Mir
Departamento de Lingüística Aplicada,
Universitat Politècnica de València

La comunicación académica constituye una competencia fundamental en la formación universitaria. Si se centra la atención en las titulaciones técnicas y de ingeniería (Flores-Aguilar, 2014; Rodríguez et al., 2018; Betancourt et al., 2019), aunque tradicionalmente se ha otorgado mayor protagonismo a los contenidos técnicos y científicos, la capacidad de expresarse con claridad, coherencia y precisión en contextos académicos resulta indispensable para el desarrollo integral del alumnado y para su futura inserción laboral.

En el contexto del Espacio Europeo de Educación Superior (EEES), y en consonancia con las directrices de calidad promovidas por organismos nacionales e internacionales, las competencias comunicativas han sido reconocidas como parte esencial del perfil del egresado universitario (Blanco, 2005; Augusti, 2009). En el caso específico de la ingeniería, estas competencias se concretan en tareas como la redacción de proyectos e informes técnicos, la realización de presentaciones orales y, de forma destacada, la elaboración y defensa del trabajo de fin de grado (TFG), que representa un ejercicio integrador de conocimientos y habilidades —entre ellas, la comunicación escrita y oral en entornos formales—. Esta competencia transversal, la de la comunicación efectiva, se ha consolidado como un elemento clave para el desarrollo profesional integral del alumnado, y prueba de ello es que las llamadas *soft skills* cada vez son más valoradas en el mercado laboral global (Robles, 2012; Taguma et al., 2020).

Además del entorno académico, el contexto profesional en el que se insertarán los egresados exige con creciente intensidad la capacidad de comunicarse de forma efectiva. Los ingenieros y técnicos no solo deben saber diseñar, calcular o programar, sino también presentar sus propuestas ante distintos públicos, redactar documentación técnica, coordinar equipos multidisciplinares y justificar decisiones ante responsables o clientes (Navarro et al., 2006; Tirado et al., 2007). Todas estas tareas requieren competencias comunicativas sólidas, tanto en la expresión oral como en la escrita.

A pesar de esta realidad, los estudios específicos que abordan la competencia comunicativa en titulaciones técnicas desde una perspectiva aplicada y basada en evidencias empíricas aún son escasos (Flores-Aguilar, 2014). En respuesta a esta necesidad, el presente volumen documenta una experiencia de innovación educativa llevada a cabo en un contexto específico: la Escuela de Ingeniería Técnica Superior de Caminos, Canales y Puertos (ETSICCP) de la Universitat Politècnica de València. En concreto, este libro recoge los principales aspectos metodológicos y los resultados más destacados de un Proyecto de Innovación y Mejora Educativa denominado *Desarrollo de la comunicación efectiva en el Grado en Ingeniería Civil a partir de las metodologías activas* (PIME/22-23/289), implementando en el Grado de Ingeniería Civil de la ETSICCP durante los cursos académicos 2022-2023 y 2023-2024.

El proyecto se lleva a cabo en una selección de asignaturas de 4.º curso que, en su evaluación, incluyen la redacción y exposición oral de trabajos sobre un tema de ingeniería civil y, por lo tanto, requieren que el alumnado muestre un dominio competente de las habilidades de comunicación efectiva. En concreto, el proyecto plantea, por una parte, identificar las problemáticas percibidas por el alumnado y el profesorado en relación con la competencia de la comunicación efectiva y, por otra parte, concienciar al estudiantado de la importancia de la comunicación en contextos académicos y profesionales. Junto a ello, un objetivo esencial del proyecto consiste en facilitar herramientas a los discentes para mejorar sus habilidades de comunicación oral y escrita en las tareas que han de realizar como parte de su actividad académica.

La experiencia de innovación incluye el diseño e implementación de una serie de acciones formativas articuladas en torno a metodologías activas y participativas (Bonwell & Eison, 1991; Prince, 2004). Entre ellas se encuentran la asistencia a talleres especializados, la visualización de vídeos didácticos sobre redacción académica y discurso oral, la participación en grupos focales de debate, la realización de cuestionarios y listas de verificación o *checklists*, y la lectura guiada de documentos orientativos sobre la elaboración y defensa del TFG. Para abordar en profundidad las ideas esbozadas en los párrafos precedentes, este volumen comprende seis capítulos que, incluyendo este primero, se acercan a la innovación desarrollada desde diferentes ángulos complementarios.

Así, el capítulo 1 "La comunicación académica y profesional en el ámbito de la ingeniería" (Inés Lozano-Palacio y Rosa Currás-Móstoles) aporta una visión general sobre los fundamentos de la comunicación académica y constituye, por tanto, la base teórica sobre la que se apoya el libro. El capítulo 2, titulado "Metodología para el desarrollo de la comunicación efectiva en el aula" (Tatiana García Segura), expone los principios metodológicos adoptados en el proyecto, poniendo el foco en las metodologías activas, y describe los distintos instrumentos utilizados, aportando ejemplos reales de cada uno.

Los capítulos 3, 4 y 5, de carácter más específico, se centran en la experiencia actitudinal del alumnado hacia la comunicación, así como en su actuación en actividades de expresión oral y escrita. En concreto, Rosa Arroyo López y Vanesa Lo Iacono Ferreria, en el capítulo 3 "Actitudes y creencias hacia la comunicación por parte del alumnado", examinan la actitud, opinión y necesidades del alumnado en materia de comunicación antes de iniciarse el proyecto y después, con el fin de evaluar el impacto de este sobre la experiencia de los discentes. Como se desprende del título, el capítulo 4 "Comunicación en el plano escrito" (Eric Gielen) presenta un conjunto de tareas dirigidas al desarrollo de la expresión escrita y analiza su nivel de efectividad en la mejora de las habilidades de comunicación escrita, e ilustra lo anterior mediante la experiencia concreta de la asignatura "Ingeniería Civil para la Sociedad". El capítulo 5 "Comunicación en el plano oral" (Miguel Ángel Pérez Martínez) aborda las acciones del alumnado para prepararse ante una exposición oral y examina su autopercepción antes y después de la exposición en comparación con la evaluación del profesorado sobre el dominio de las destrezas orales del estudiantado.

En el capítulo 6, "Recomendaciones pedagógicas de la competencia comunicativa y transferencia al entorno colaborativo digital", Ana Albalat-Mascarell presenta una reflexión sobre las implicaciones pedagógicas del proyecto desarrollado y plantea una serie de líneas de actuación para transferir la innovación educativa a entornos digitales y otros contextos de la educación superior.

En definitiva, los diferentes capítulos se conciben como una oportunidad de dar a conocer diferentes métodos, técnicas y estrategias didácticas, con una implementación directa en el aula, dirigidos a fomentar el desarrollo o perfeccionamiento de las habilidades de comunicación oral y escrita. A diferencia de otros trabajos más teóricos o generales, este volumen combina una aproximación teórica sólida con una experiencia práctica concreta, documentada mediante datos reales y herramientas transferibles, lo que lo convierte en un recurso útil tanto para docentes como para gestores de innovación educativa (profesorado universitario, equipos de innovación educativa, responsables académicos e incluso estudiantes interesados en mejorar sus competencias comunicativas dentro del ámbito técnico).

Por último, es importante remarcar que todos los trabajos que componen el volumen han sido evaluados positivamente a través de un proceso de revisión por pares, con el fin de garantizar la calidad de las distinta aportaciones. Igualmente, la publicación de este libro ha sido posible gracias a la financiación recibida del Vicerrectorado de Profesorado y Ordenación Académica de la Universitat Politècnica de València en el marco de la "Convocatoria de Proyectos de Innovación y Mejora Educativa", promovida por el Instituto de Ciencias de la Educación de dicha Universidad, a quienes agradecemos su apoyo y compromiso.

REFERENCIAS BIBLIOGRÁFICAS

Augusti, G. (2009). EUR-ACE: the European Accreditation system of engineering education and its global context. *Engineering Education Quality Assurance: A Global Perspective*, 41-49.

Betancourt, L. A. A., Bonet, L. J. Z., & Rodríguez, R. G. (2019). Formación de la competencia comunicativa profesional en estudiantes de ingeniería mecánica en el contexto laboral. *REFCalE: Revista Electrónica Formación y Calidad Educativa. ISSN 1390-9010, 7*(2), 13-32.

Blanco, L. (2005). Título de grado en ingeniería informática. *Agencia Nacional de Evaluación de la Calidad y Acreditación.*

Bonwell, C. C., & Eison, J. A. (1991). *Active Learning: Creating Excitement in the Classroom.* ERIC Digest.

Flores Aguilar, M. D. (2014). La competencia comunicativa escrita de los estudiantes de ingeniería y la responsabilidad institucional. *Innovación educativa (México, DF), 14*(65), 43-60.

Navarro, M. M., Iglesias, M. P., & Torres, P. R. (2006). Las competencias profesionales demandadas por las empresas: el caso de los ingenieros. *Revista de educación, 341*, 643-661.

Prince, M. (2004). Does active learning work? A review of the research. *Journal of Engineering Education, 93*(3), 223-231.

Robles, M. M. (2012). Executive perceptions of the top 10 soft skills needed in today's workplace. *Business communication quarterly, 75*(4), 453-465.

Rodríguez, R. G., Betancourt, L. A. A., & Carbonell, E. A. F. (2018). Metodología para el desarrollo de la competencia comunicativa del estudiante de ingeniería mecánica. *Revista Pertinencia Académica, 7*, 127-144.

Taguma, M., Gabriel, F., Meow Hwee, L. I. M., & Expert, O. E. C. D. (2020). Future of education and skills 2030: Curriculum analysis. *Organisation for Economic Co-operation and Development (OECD)*.

Tirado, L. J., Estrada, J., Ortiz, R., Solano, H., González, J., Alfonso, D., ... & Ortiz, D. (2007). Competencias profesionales: una estrategia para el desempeño exitoso de los ingenieros industriales. *Revista Facultad de Ingeniería Universidad de Antioquia, 40*, 123-139.

Capítulo 1
La comunicación académica y profesional en el ámbito de la ingeniería

Inés Lozano-Palacio
Departamento de Lingüística Aplicada,
Universitat Politècnica de València

Rosa Currás-Móstoles
Departamento de Lingüística Aplicada,
Universitat Politècnica de València

1. INTRODUCCIÓN

Las habilidades de comunicación efectiva constituyen una competencia básica en la sociedad actual, tanto en el entorno académico como en el profesional. Para los estudiantes de ingeniería, poseer habilidades que permitan llevar a cabo una comunicación interpersonal efectiva repercute directamente en un amplio espectro de beneficios, entre los que destaca el rendimiento académico satisfactorio y el éxito profesional (Owen, 2019).

En el ámbito académico en particular, el alumnado necesita comunicarse de manera satisfactoria en distintas situaciones del contexto universitario tanto en el plano escrito como en el oral, por ejemplo, para afrontar con éxito buena parte de las pruebas de evaluación, las tareas y actividades escritas, las exposiciones orales, así como los trabajos académicos y los proyectos de investigación.

Por otra parte, en el ámbito profesional, la comunicación es reconocida como una habilidad fundamental que todo futuro ingeniero debe desarrollar, de acuerdo con organismos internacionales de referencia en el ámbito de la ingeniería civil, como la *International Engineering Alliance* (IEA, 2021), la *American Society of Civil Engineering* (ASCE, 2019) y el *Accreditation Board for Engineering and Technology* (ABET, según Passow y Passow, 2017). En concreto, la ASCE concede la misma relevancia a la comunicación que a las competencias técnicas como la gestión de proyectos; mientras que para la ABET ocupa el segundo lugar en la jerarquía de habilidades esenciales, solo precedida por la capacidad para resolver problemas. A nivel nacional, el Proyecto de Competencias Transversales de la Universitat Politècnica de València también subraya la importancia de esta habilidad, incluyéndola entre las cinco competencias transversales que todo estudiante debe adquirir durante su formación universitaria, independientemente del grado cursado.

2. LA COMPETENCIA COMUNICATIVA EN EL ÁMBITO ACADÉMICO Y PROFESIONAL

El término *comunicación* deriva de la palabra latina *communicare*: "compartir algo, poner en común". La definición de comunicación es compleja porque se puede abordar desde diferentes enfoques según el contexto y el propósito, y su estudio se realiza desde diferentes campos como la lingüística, psicología, sociología, antropología, la informática o las ciencias de la información, cada uno de los cuales aporta su propia perspectiva y enfoques teóricos. Una de las definiciones de comunicación más ampliamente utilizadas en la literatura científica es la desarrollada por Fiske (1990), que la entiende como un proceso por el cual los individuos intercambian información a través de un sistema común de símbolos, signos o comportamiento.

En un acto comunicativo intervienen diferentes elementos que dan lugar a distintos niveles de análisis, ya que podemos referirnos a procesos individuales (como la cognición y el lenguaje), interpersonales (como el diálogo y la persuasión), grupales (como la comunicación organizacional) o masivos (como los medios de comunicación y las redes sociales). El modelo desarrollado por Jakobson (1960), uno de los más relevantes en el área, diferencia entre el emisor, el receptor, el mensaje, el canal, el código y el contexto, a los que posteriormente se han añadido el contexto, el ruido y la retroalimentación, lo que hace que existan muchas formas de comunicación (oral, escrita, visual, no verbal, digital, etc.). Además, el avance de la tecnología y la digitalización han transformado radicalmente las formas de comunicación, incorporando nuevas dinámicas como la comunicación mediada por algoritmos, la inteligencia artificial y la hiperconectividad (Pinho Oliveira, 2024). En todo caso, la comunicación lleva implícita en su naturaleza la idea de que tanto el emisor como el receptor que participan en el acto comunicativo buscan la comprensión del mensaje.

Un avance en el tema de la comunicación fue la introducción del concepto de 'competencia comunicativa' por Hymes (1972), que englobaba aspectos que trascienden el conocimiento que tienen los hablantes de las normas lingüísticas. El concepto de Hymes incluye la capacidad de dichos hablantes para utilizar este conocimiento en una interacción determinada y, por tanto, esta capacidad es distinta del uso real de la lengua en la interacción, que depende no solo de los hablantes, sino también de sus interlocutores y de los acontecimientos que se desarrollan — y que se conoce como *actuación*. Así, la competencia comunicativa se refiere a las necesidades comunicativas de los hablantes a la hora de enfrentarse a un contexto laboral, académico o profesional concreto (Basturkmen & Elder, 2004), necesidades que incluyen el conocimiento de fondo relevante para el contexto comunicativo en el que los alumnos necesitan operar (Douglas, 2013), estableciendo así un nexo importante entre el contexto y los objetivos de la comunicación.

Desde su formulación inicial, la noción de 'competencia comunicativa' ha evolucionado en distintas direcciones en diferentes ámbitos de la lingüística aplicada, entre las que se incluyen, por ejemplo, los trabajos sobre la teoría de los géneros y la alfabetización académica, que se centran en el lenguaje escrito y que son un complemento a la competencia comunicativa en la enseñanza y la evaluación de la segunda lengua (Whyte, 2019).

En el ámbito académico, tanto el profesorado como el estudiantado clasifica las habilidades de comunicación como habilidades de máxima prioridad de cara a la preparación para la vida laboral en 2030 (OCDE, 2019). Enseñar a los estudiantes a comunicarse de manera eficiente y eficaz en todas las nuevas modalidades de intercambio de información es un reto importante al que se enfrentan todas las organizaciones pedagógicas en la actualidad (Morreale et al., 2017). Sin embargo, si bien es cierto que el dominio de la lengua es un prerrequisito para comunicarse, la enseñanza de la comunicación efectiva debe incluir componentes sociolingüísticos, pragmáticos y estratégicos (Canale & Swain, 1979; Ohno, 2006; Widdowson, 1978).

A pesar de su creciente reconocimiento en el entorno profesional, la comunicación ha sido históricamente subestimada en el ámbito de la ingeniería. En la formación del ingeniero contemporáneo las denominadas *habilidades duras* —relacionadas con el dominio técnico y disciplinar— deben ser complementadas con una serie de *habilidades blandas* o interpersonales. Estas últimas incluyen aspectos clave como la toma de decisiones, el liderazgo y el trabajo en equipo, pero también la comunicación efectiva, todos ellos esenciales para desenvolverse con éxito en entornos colaborativos y multidisciplinarios.

La tradicional priorización en favor de las habilidades técnicas ha propiciado que la comunicación haya sido considerada una función de apoyo que no genera beneficios visibles, lo que ha contribuido a relegarla a un segundo plano. A esto se une la dificultad de medir de forma directa su impacto en los resultados organizacionales, a diferencia de otras áreas con indicadores más tangibles. Además, al estar vinculada a valores blandos y a fenómenos intangibles como la cultura, las relaciones humanas o el clima organizacional, la comunicación suele considerarse ajena a la lógica empresarial, más centrada en la rentabilidad (Lappalainen, 2009; Saarinen, 2001).

La globalización ha redefinido por completo los requerimientos de competencia para los futuros egresados en ingeniería (Crebert et al.,

2004a). El panorama internacional actual y la consiguiente presencia de empresas multinacionales justifican que los empleados estén equipados no solo con conocimientos profesionales, sino también con habilidades de comunicación (De Souza Almeida, 2019; Vani et al., 2022). A este respecto, el importante proceso de educar y formar a los profesionales de la ingeniería en estos aspectos debería tener lugar cuando acceden a la educación superior (Deardorff, 2006). Sin embargo, la literatura científica muestra una aparente división entre el mundo académico y los profesionales de la industria en cuanto a los requisitos de las habilidades de comunicación necesarios para la comunicación oral técnica y científica en el lugar de trabajo (Çal et al., 2025; Rusinaru et al., 2010; Shrestha et al., 2020; Vani et al., 2022), destacando la escasez de acciones o programas enfocados al desarrollo y mejora de las habilidades comunicativas en el ámbito de la ingeniería (Janenoppakarn et al., 2025).

Todo ello contrasta con la información reportada por diversos estudios que reconocen que las competencias comunicativas representan una ventaja competitiva significativa para los profesionales de la ingeniería (Juuti, 2002), lo cual justifica una reevaluación de su papel estratégico en la formación y el desempeño de estos profesionales.

La competencia comunicativa, tanto oral como escrita, constituye un elemento fundamental en este entorno, ya que constituye un mecanismo básico para la generación y la transmisión de conocimientos (Sulcas y English, 2004). El entorno laboral contemporáneo demanda empleados colaborativos, resistentes, adaptables y con un gran nivel de integración, algo especialmente importante en el sector de la ingeniería, donde el trabajo en equipo, el desarrollo personal y las habilidades de comunicación son más relevantes para su trabajo profesional que las habilidades técnicas o de gestión empresarial (Crumpton-Young et al., 2010). La práctica profesional de la ingeniería implica un intercambio constante de información oral y escrita, en una variedad de escenarios que exige del ingeniero competencias comunicativas sólidas. Es fundamental que los ingenieros comprendan a fondo no solo los aspectos legales, técnicos y comerciales que rodean su labor, sino que lo complementen con una sólida formación en comunicación efectiva que les permitirá redactar documentos claros, precisos y sin ambigüedades, evitando así posibles conflictos legales o contractuales (Paz, 2018).

Para el plano oral, esta formación fortalece su capacidad en otras tareas específicas de su desempeño profesional como presentaciones, reuniones o negociaciones, donde una comunicación oral clara y bien fundamentada resulta clave para el éxito profesional. Es, por tanto, imprescindible que durante el periodo formativo se identifiquen limitaciones en el uso del lenguaje, para acometer la formación continua en habilidades comunicativas que fortalezcan su desempeño profesional (Paz, 2018). No obstante, las habilidades comunicativas no son fácilmente enseñables, sino que requieren de inversión en formación. Es en su paso por las etapas finales de la formación universitaria cuando los estudiantes deben tener la oportunidad de mejorar sus habilidades comunicativas, siendo necesario el apoyo e intervención por parte de todos los agentes involucrados (Sumaiya et al., 2022).

3. HABILIDADES ESPECÍFICAS DE COMUNICACIÓN EN LA INGENIERÍA: COMUNICACIÓN ESCRITA, COMUNICACIÓN ORAL Y EVALUACIÓN

La enseñanza de la comunicación en el campo de la ingeniería incluye tanto la vertiente oral como la escrita. Ambas son indispensables para una comunicación eficaz en un trabajo de equipo internacional. Con el fin de establecer cuáles son las prioridades de los ingenieros que trabajan para empresas internacionales en cuanto a competencias comunicativas, Çal et al. (2025) llevaron a cabo encuestas en las que las más valoradas fueron (i) lectura de manuales, (ii) instrucciones e informes, (iii) comprensión oral de presentaciones, reuniones y entrenamiento técnico, (iv) redacción de *emails* e informes, (v) comunicación oral en llamadas de teléfono o por videoconferencia y (vi) discusiones de tipo profesional. Conseguir el dominio de la lengua necesario para realizar estas actividades requiere que la enseñanza se centre en las necesidades específicas de los futuros ingenieros. Sería adecuado que las actividades de lengua que se llevan a cabo durante el proceso de enseñanza/aprendizaje fueran similares a las que tienen lugar en una situación real dentro del ámbito de la ingeniería civil. Asimismo, el vocabulario aprendido debería focalizarse principalmente en temáticas específicas relacionadas con la ingeniería. Nathans-Kelly y Evans (2017) van más lejos y aseguran que los ingenieros dedican entre el 40 % y el 60 % de su trabajo diario a actividades de comunicación y que la tradicional división entre asignaturas "blandas y duras" durante los estudios universitarios debería dar paso a un reconocimiento de la importancia superlativa que tiene para el desarrollo del trabajo del ingeniero. Estos autores pusieron en marcha un curso llamado *Communication for Mechanical Engineering Design* en la Universidad de Cornell con el fin de incrementar y después valorar la mejora en la capacidad comunicativa de los estudiantes. Sostienen que es preciso mejorar las habilidades comunicativas en todas sus modalidades (escrita, oral, visual y electrónica) que con frecuencia se encuentran entremezcladas en las situaciones de comunicación real dentro del ámbito de la ingeniería. Además, conviene recordar que la capacidad de comunicación es también un elemento muy importante en el proceso de contratación llegando a ser un factor decisivo para elegir a un ingeniero. El mercado laboral es más competitivo que nunca. Los ejecutivos señalaron como habilidades clave para la promoción profesional la comunicación con el cuadro directivo, las presentaciones, la redacción de textos profesionales, la comunicación mediante mensajes, la comunicación cara a cara y la comunicación intercultural. En su opinión, estos elementos deberían formar parte del currículo de los estudios de ingeniería (Norback et al., 2009, 12-13).

En lo que respecta a la comunicación escrita, el ingeniero necesita producir una gran variedad de documentos escritos de carácter profesional. Estos documentos incluyen informes, resúmenes, análisis, descripciones, propuestas y planes. Todos ellos deben ajustarse al nivel requerido en cada caso. La comunicación a través de correo electrónico tiene sus propias características y requiere planificación y preparación específicas. Lo mismo puede decirse de las cartas, en especial de las cartas de agradecimiento. Los futuros ingenieros deberían recibir formación para completar estas tareas con éxito. El currículo del correspondiente departamento debería incluir entrenamiento del futuro ingeniero en este tipo de tareas.

Por otro lado, y en cuanto a la comunicación oral, cabe destacar que, como indican Norback et al. (2009), muchos de los ejecutivos entrevistados, la comunicación escrita no puede sustituir enteramente la comunicación oral. Muchos de ellos insistieron en la importancia de una buena comunicación oral en las reuniones tanto formales como informales. Los ingenieros están expuestos a un mundo global que exige una comunicación efectiva. En este contexto, el manejo eficiente y fluido de la lengua es esencial ya que la mayor parte de las interacciones entre profesionales de la ingeniería se lleva a cabo en dicha lengua. Idrus et al. (2011) señalan la importancia de lo que ellos denominan "autoeficacia" (la confianza que un individuo tiene en su capacidad de llevar a buen término una actividad). Sentirse seguro/a de las propias capacidades mejora la imagen y resalta los logros y hace que el resultado sea mejor. Ser capaz de hacer una buena presentación supone una gran ventaja para los profesionales de la ingeniería. Como explican Idrus et al. (2011, p. 107), concretamente la lengua inglesa sirve como medio de comunicación entre personas que no la hablan como lengua materna. Sostienen que es muy importante para los estudiantes universitarios dominar esta lengua porque esto les ayudará a asegurar su trabajo en especial en las compañías internacionales. Si quieren ser parte de la globalización, deben ser capaces de comunicarse fluidamente. Aseguran además que la confianza que tienen en sí mismos determina en gran medida el grado de éxito que alcanzan en su comunicación oral y por ende en su carrera profesional. Ponen el foco en su aptitud, su actitud y sus aspiraciones como elementos que determinan el resultado de su interacción oral.

En cuanto a la evaluación, Basturkmen y Elder (2004) explican que los exámenes de lenguaje para fines específicos (LSP) no suelen centrarse en pruebas tradicionales que valoran el dominio de la gramática y el vocabulario de la lengua estudiada, sino más bien en pruebas en las que se pueda demostrar la capacidad comunicativa en una tarea específica de comunicación relacionada con su campo profesional, una tarea que emula una situación de la vida real. Esto es sin duda motivador para el estudiante ya que otorga un sentido práctico e inmediato al aprendizaje puesto que ve una relación directa entre la tarea de evaluación y su aplicación profesional.

4. LA COMPETENCIA COMUNICATIVA EN LOS ESTUDIOS DE INGENIERÍA

Riemer (2007) sostiene que las habilidades de comunicación son un componente vital en la formación y deberían estar integradas en el currículo de ingeniería, y no como una asignatura aislada y separada del resto. Cuando estas fallan, todo el perfil profesional del ingeniero se ve afectado de manera negativa. La globalización ha traído consigo la proliferación creciente de proyectos internacionales que requieren mayor interacción entre profesionales de distintos países y distintas lenguas. Esto supone que el dominio de más de un idioma es indispensable para los futuros ingenieros. Aunque se pone el énfasis en la lengua inglesa —por ser la que está más extendida a nivel mundial—, se insiste también en la necesidad de un multilingüismo que incluya otras lenguas tales como el chino, el árabe, el hindú y el español. Este mismo autor sostiene que el enfoque del aprendizaje de lenguas con fines específicos resulta especialmente valioso, ya que se centra tanto en la terminología especializada como en las habilidades comunicativas propias de un campo profesional concreto. Por ello, las actividades de aprendizaje deben reflejar situaciones reales del ámbito de la ingeniería, facilitando así una aplicación directa del idioma en contextos laborales. Además, estas actividades deberían promover el pensamiento crítico, la resolución de problemas y la capacidad de enfrentar desafíos con eficacia. Es fundamental también que los estudiantes aprendan a organizar y estructurar adecuadamente informes y argumentos. Una comunicación ineficaz, lejos de resolver conflictos, tiende a generarlos. Por tanto, la producción escrita debe ser precisa, pertinente y funcional.

El estudio de De Souza (2019) pone de manifiesto que los empleadores de los ingenieros están a menudo descontentos con las capacidades de comunicación de estos en su lugar de trabajo, dejando al descubierto un desfase entre lo que se les enseña y lo que se espera de ellos. Con el fin de dar solución a este problema, se hizo una descripción detallada de sus tareas de comunicación en el ámbito profesional. Los resultados revelaron que: (i) la comunicación oral prevalece sobre los demás tipos de comunicación, (ii) las situaciones comunicativas incluidas en el aula deben adaptarse a audiencias variopintas y seleccionar el medio comunicativo más efectivo, (iii) existe una expectativa de que los mensajes escritos sean claros, concisos y precisos y que (iv) la comunicación global es una necesidad crecientemente demandada en el mundo de la industria. Los estudiantes llegan a la universidad habiendo cursado estudios de lenguas extranjeras durante la enseñanza primaria y secundaria. Tal como señalan Crebert et al. (2004b), la etapa universitaria debería ofrecer oportunidades concretas para continuar y profundizar en el desarrollo de las habilidades comunicativas. La consecución de los objetivos en este ámbito no depende únicamente del profesorado, sino también del compromiso de los propios estudiantes, quienes deben asumir un papel activo y responsable en su proceso de aprendizaje.

5. CONCLUSIONES Y RECOMENDACIONES

Como hacen notar Bhattacharyya et al. (2009), la globalización imperante en el siglo XXI lleva consigo una creciente movilidad de los ingenieros por todo el mundo y les exige, por tanto, poseer unas altas habilidades de comunicación. Las empresas, tanto pequeñas como internacionales, operan en un escenario altamente competitivo y, cuando seleccionan personal, procuran contratar a aquellos que tienen las cualidades más adecuadas. Necesitan empleados que traigan habilidades variadas y cualidades personales relevantes para el puesto de trabajo.

Más allá de la etapa de formación universitaria, lo deseable es que los futuros ingenieros tengan las herramientas de comunicación necesarias para enfrentarse a las exigencias de un mundo globalizado en el que la cooperación entre profesionales de distintos países es a menudo imprescindible. El trabajo en equipo en un mundo altamente especializado en el que cada individuo a menudo se centra en algo muy concreto necesita a varios ingenieros para completar un proyecto. Para hacer frente a estos retos será necesario actualizar los métodos de trabajo y de adquisición del conocimiento. Los estudiantes de hoy no aprenden igual que hace unos años. Están acostumbrados a acceder a la información de manera inmediata y eficiente, a adquirir la información a través de herramientas digitales. No basta con los métodos tradicionales como el libro de texto y sus complementos. Sería más útil para ellos enfocar las sesiones de trabajo, las clases, como espacios en los que poder desarrollar actividades comunicativas similares a las que tendrán en su carrera profesional, es decir, creación de proyectos colaborativos generados directamente en la lengua aprendida.

Ziegler (2007) enfatiza la necesidad de dotar a los futuros ingenieros no solo con habilidades de tipo técnico, sino también con habilidades de las llamadas "blandas" tales como la comunicación fluida en otras lenguas ya que son estas las que suponen una diferencia y los vuelven más empleables. Sus conclusiones se sustentan en un estudio llevado a cabo a partir de un cuestionario que los estudiantes debían responder al final de cada semestre. A partir de los resultados obtenidos, se llegó a la conclusión de que para muchos de los futuros ingenieros las habilidades "blandas" tenían tanta importancia y tanta relevancia como las llamadas "duras". Las comunicativas son las habilidades que les permiten trabajar en equipo, exponer sus ideas de manera eficiente y proyectar así una imagen mejor de su trabajo.

REFERENCIAS BIBLIOGRÁFICAS

Basturkmen, H., & Elder, C. (2004). The practice of LSP. In A. Davies & C. Elder (Eds.), *The handbook of applied linguistics* (pp. 672–694). Blackwell Publishing.

Bhattacharyya, E., Nordin, S. M., & Salleh, R. (2009). Internship students' workplace communication skills: Workplace practices and university preparation. *The International Journal of Learning, 16*(11), 439–452.

Çal, A., Mearns, T., & Admiraal, W. (2025). Two worlds apart? Engineering students' perceptions of workplace English. *Business and Professional Communication Quarterly, 88*(1), 73–99.

Canale, M., & Swain, M. (1979). *Communicative Approaches to Second language Teaching and Testing* (Vol. 1). Ministry of Education.

Crebert, G., Bates, M., Bell, B., Patrick, C. J., & Cragnolini, V. (2004a). Developing generic skills at university, during work placement and in employment: Graduates' perceptions. *Higher Education Research & Development, 23*(2), 147–165.

Crebert, G., Bates, M., Bell, B., Patrick, C. J., & Cragnolini, V. (2004b). Ivory tower to concrete jungle revisited. *Journal of Education and Work, 17*(1), 47–70.

De Souza Almeida, L. M. (2019). *Understanding Industry's Expectations of Engineering Communication Skills* [Doctoral dissertation, Utah State University].

Deardorff, D. K. (2010). Understanding the challenges of assessing global citizenship. In W. D. Hunter, G. P. White, & D. K. Godbey (Eds.), *The Handbook of Practice and Research in Study Abroad* (Pp. 368–386). Routledge.

Douglas, S. R. (2013). The lexical breadth of undergraduate novice level writing competency. *Canadian Journal of Applied Linguistics / Revue canadienne de linguistique appliquée, 16*(1), 152–170.

Fiske, J. (2010). *Introduction to Communication Studies.* Taylor & Francis Group.

Hymes, D. (1972). On communicative competence. In J. B. Pride & J. Holmes (Eds.), *Sociolinguistics: Selected Readings* (pp. 269–293). Penguin.

Idrus, H., Salleh, R., & Tony Lim Abdullah, M. R. (2011). Oral Communication Ability in English: An Essential Skill for Engineering Graduates. *Asia Pacific Journal of Educators and Education, 26*(1), 107–123.

Jakobson, R. (1960). Closing Statement: Linguistics and Poetics. In T. A. Sebeok (Ed.), *Style in Language* (pp. 350–377). MIT Press.

Janenoppakarn, C., & Rajprasit, K. (2025). Development of a new 'Engineering English for Intercultural Communication' Online Course to Prepare New Engineers for Working in Intercultural Workplace Settings. *LEARN Journal: Language Education and Acquisition Research Network, 18*(1), 228–267.

Juuti, P. (2002). *Views on Leadership and Entrepreneurial Ethics* (Aavaranta Series No. 50).

Kaplan, R. S., & Norton, D. P. (2003). *Strategy Maps*. Harvard Business School Press.

Lappalainen, P. (2009). Communication as Part of the Engineering Skills Set. *European Journal of Engineering Education, 34*(2), 123–129.

Morreale, S. P., Valenzano, J. M., & Bauer, J. A. (2017). Why Communication Education is Important: A Third Study on the Centrality of the Discipline's Content and Pedagogy. *Communication Education, 66*(4), 402–422.

Nathans-Kelly, T. M., & Evans, R. (2017). Creating Communicative Self-Efficacy through Integrating and Innovating Engineering Communication Instruction. In *Proceedings of the American Society for Engineering Education 2017 Annual Conference* (pp. 1–4). Columbus, United States.

Norback, J. S., Leeds, E. M., & Forehand, G. A. (2009). Engineering Communication: Executive Perspectives on the Necessary Skills for Students. *International Journal of Modern Engineering, 10*(1), 11–19.

OECD. (2018). *The OECD PISA Global Competence Framework: Preparing Our Youth for an Inclusive and Sustainable World*. Directorate for Education and Skills. https://www.oecd.org/education/Global-competency-for-an-inclusive-world.pdf

Ohno, A. (2006). Communicative Competence and Communicative Language Teaching. *Bunkyo Gakuin University Internal Publication*, 25–31.

Paz, H. (2018). La Competencia Comunicativa, un Aspecto poco Trabajado en la Formación de Ingenieros. In *Encuentro Internacional de Educación en Ingeniería ACOFI*. Cartagena de Indias, Colombia.

Pinho Oliveira, M. F. (2024). Investigación en Ciencias de la Comunicación y Gobierno Electrónico. *Derecho Global. Estudios sobre Derecho y Justicia, 10*(28), 437–443.

Rusinaru, D., Popescu, D., & Nistorescu, C. P. (2010). Curricular Tools for Professional Communication Skills Development of Engineering Students within University of Craiova. In *2010 IEEE Transforming Engineering Education: Creating Interdisciplinary Skills for Complex Global Environments* (pp. 1–6). IEEE.

Saarinen, M. (2001). *Feel your Intelligence*. WSOY.

Sulcas, G., & English, J. (2010). A Case for Focus on Professional Communication Skills at Senior Undergraduate Level in Engineering and the Built Environment. *Southern African Linguistics and Applied Language Studies, 28*(3), 219–226.

Sumaiya, B., Srivastava, S., Jain, V., & Prakash, V. (2022). The Role of Effective Communication Skills in Professional Life. *World Journal of English Language, 12*(3), 134–140.

Vani, R., Mohan, S., & Ramkumar, E. V. (2022). A Study on Ameliorating Indian Engineering Students' Communication Skills in Relation With CEFR. *Theory and Practice in Language Studies, 12*(6), 1172–1180.

Whyte, S. (2019). Revisiting Communicative Competence in the Teaching and Assessment of Language for Specific Purposes. *Language Education & Assessment, 2*(1), 1–19.

Widdowson, H. G. (1978). Usage and Use. In H. G. Widdowson, *Teaching Language as Communication* (pp. 1–21). Oxford University Press.

Capítulo 2
Metodología para el desarrollo de la comunicación efectiva en el aula

Tatiana García Segura
Departamento de Ingeniería de la Construcción y de Proyectos de Ingeniería
Civil. Universitat Politècnica de València

1. INTRODUCCIÓN

El presente capítulo describe la metodología implementada en el Proyecto de Innovación y Mejora Educativa (PIME) orientado al desarrollo de la competencia comunicativa en el Grado en Ingeniería Civil. En los últimos años, la necesidad de que los futuros ingenieros dominen no solo los contenidos técnicos, sino también las herramientas comunicativas adecuadas para contextos académicos y profesionales, ha sido ampliamente reconocida (Hermosilla et al., 2013; Passow y Passow, 2017). Esta competencia implica la capacidad de producir discursos orales y escritos con claridad, precisión y adecuación al género académico (Regueiro Rodríguez y Sáez Rivera, 2013), y constituye un reto formativo clave en titulaciones técnicas.

Para abordar este desafío, el proyecto se apoya en metodologías activas de enseñanza-aprendizaje, que han demostrado ser eficaces en la mejora de habilidades comunicativas al promover el trabajo colaborativo, la participación crítica y el aprendizaje contextualizado (Real Zumba et al., 2023). A través de estas metodologías, se pretende no solo mejorar la expresión oral y escrita del alumnado, sino también integrar de forma transversal el uso del lenguaje académico como herramienta de construcción y transmisión del conocimiento.

En este marco, el objetivo principal de esta sección es detallar el enfoque metodológico adoptado, las asignaturas implicadas y las acciones desarrolladas para mejorar la comunicación oral y escrita del alumnado a través de metodologías activas. Para ello, se presentan los criterios de selección de las asignaturas, los objetivos del proyecto y la planificación de las tareas diseñadas. Estas actividades han sido estructuradas en dos bloques: tareas transversales, aplicadas a todo el alumnado de cuarto curso, y tareas específicas, integradas en el marco de distintas asignaturas. Asimismo, se explican los instrumentos diseñados para evaluar el impacto del proyecto, como cuestionarios, listas de verificación (*checklists*), vídeos formativos, sesiones de formación y *focus groups*.

El capítulo también recoge el papel del profesorado en la implementación y validación de estas estrategias, así como la integración de los resultados obtenidos para la mejora continua del proyecto. De esta manera, se proporciona un análisis detallado del diseño metodológico que sustenta la innovación educativa planteada en el PIME.

2. ASIGNATURAS

Este PIME se implementa en una selección de seis asignaturas del cuarto curso del Grado en Ingeniería Civil. Estas incluyen dos asignaturas obligatorias: *Gestión de empresas* (12825, GE) y *Trabajo de Fin de Grado* (12892, TFG); una optativa del semestre A: *Estrategias para la comunicación académica y profesional* (12888, ECAP); y dos optativas del semestre B: *Ingeniería civil para la sociedad* (13470, ICS) y *Aprovechamientos hidráulicos y energéticos* (13467, AHE) (véase Tabla 1). Todas las asignaturas tienen una carga lectiva de 4,5 créditos ECTS, a excepción del Trabajo de Fin de Grado, que equivale a 12 ECTS.

Tabla 1. Relación de asignaturas implicadas.

Tipo de asignatura	Semestre A	Semestre B
Obligatoria	*Gestión de empresas* (GE)	Trabajo de fin de grado (TFG)
Optativas	*Estrategias para la comunicación académica y profesional* (ECAP)	*Ingeniería civil para la Sociedad* (ICS) *Aprovechamientos hidráulicos y energéticos* (AHE)

La selección de las asignaturas se ha realizado con base en dos criterios fundamentales. En primer lugar, se trata de materias cuya evaluación incluye la redacción y la exposición oral de trabajos relacionados con temas de ingeniería civil. Estos trabajos se utilizan como actividades clave para evaluar, de manera parcial, la efectividad de las tareas propuestas en el marco del proyecto. En segundo lugar, todas las asignaturas seleccionadas emplean metodologías activas: Gestión de empresas utiliza el aprendizaje basado en proyectos, mientras que las demás asignaturas incorporan estrategias como el análisis de casos, la simulación, el debate y los juegos de rol. Estas metodologías se caracterizan por situar al alumnado en el centro de su aprendizaje, fomentando la participación activa, la cooperación, el trabajo en equipo y el aprendizaje autónomo (Labrador & Andreu, 2008; Silva & Maturana, 2017).

La Tabla 2 detalla las asignaturas y los productos evaluados en cada una de ellas. Es importante destacar que el PIME no ha supuesto un cambio sustancial en las metodologías empleadas, sino que ha aprovechado estas prácticas para trabajar de manera específica la competencia comunicativa, a través de las tareas descritas en el siguiente apartado.

Tabla 2. Relación de asignaturas implicadas y productos evaluables.

Semestre	Asignatura	Producto evaluable
Semestre A	*Gestión de empresas*	Redacción de la planificación de la ejecución de una obra y presentación oral del proyecto
	Estrategias para la comunicación académica y profesional	Entrega de dos redacciones y un examen oral
		Redacción de un resumen sobre un artículo científico y simulación de una defensa oral de TFG
Semestre B	*Aprovechamientos hidráulicos y energéticos*	Entrega de tres informes y dos exposiciones orales
	Ingeniería civil para la sociedad	Elaboración de cuatro informes y una exposición oral
	Trabajo de fin de grado	Redacción del TFG y su defensa oral ante un tribunal

El proyecto se ha implementado en dos asignaturas obligatorias para poder involucrar a todo el alumnado de cuarto curso de la titulación correspondiente durante los años académicos 2022-2023 y 2023-2024. El número promedio de estudiantes de cuarto curso en las dos anualidades ha sido de aproximadamente 35, lo que sitúa en 70 el total de alumnos implicados en el proyecto.

El equipo docente responsable de la implementación del proyecto cuenta con un perfil altamente interdisciplinar, compuesto por 15 profesores especializados en lingüística aplicada e ingeniería civil. Estos docentes están adscritos a diversos departamentos de la Universitat Politècnica de València (UPV), con la excepción de uno de ellos, que pertenece a la Universidad de Las Palmas de Gran Canaria.

3. OBJETIVOS DE LA INNOVACIÓN

El PIME se formula para cumplir con los cinco objetivos siguientes:

O1.- Estudiar la toma de conciencia del alumnado con respecto a la importancia de la comunicación en los contextos académico y profesional.

O2.- Examinar el grado de implementación de las técnicas propuestas en la redacción eficaz de trabajos escritos (informes, proyectos, resúmenes, etc., de temas relacionados con la ingeniería civil).

O3.- Analizar el grado de implementación de las técnicas propuestas en la elaboración adecuada y efectiva de exposiciones orales, en cuanto a la prosodia y el lenguaje no verbal.

O4.- Identificar las problemáticas y las barreras percibidas por parte del alumnado y del profesorado en relación con la competencia de la comunicación efectiva.

O5.- Conocer el grado de mejora percibido por el alumnado y profesorado en materia de comunicación efectiva.

4. PLANTEAMIENTO METODOLÓGICO

El planteamiento metodológico del proyecto de innovación se ha diseñado con el fin de mejorar la competencia comunicativa del alumnado a través de una serie de acciones específicas. Como se ha anticipado en la Introducción, estas acciones se han materializado de manera diversa mediante un conjunto de tareas desarrolladas por los estudiantes, lo que ha implicado también la participación activa del profesorado en todo el proceso. Las tareas han sido organizadas en dos bloques principales, diferenciados según su ámbito de aplicación.

Bloque I. Tareas transversales.

Este bloque abarca las tareas diseñadas para todos los estudiantes de cuarto curso, con el objetivo de fortalecer sus competencias comunicativas de manera integral. Las acciones implementadas incluyen los siguientes instrumentos:

- Cuestionarios de reflexión (inicial y final): Los estudiantes completan dos cuestionarios, uno antes de iniciar el proyecto y otro al finalizar todas las tareas, con el propósito de reflexionar sobre sus actitudes, necesidades y expectativas en relación con la comunicación académica.

- Vídeos formativos sobre escritura académica y comunicación oral: Se han elaborado dos vídeos formativos que explican las características esenciales de la redacción académica y las pautas para preparar y realizar una exposición oral.

- Cuestionario sobre escritura académica y comunicación oral a partir de los vídeos: Posteriormente a la visualización de los vídeos, los estudiantes responden un cuestionario para evaluar su nivel de comprensión de los contenidos tratados.

- Guía para el Trabajo de Fin de Grado (TFG): Se ha diseñado un documento con pautas específicas para mejorar la redacción y la presentación oral del Trabajo de Fin de Grado (TFG).

- Jornadas de formación: Se han organizado dos sesiones formativas específicas, centradas en la comunicación académica dentro del ámbito de la ingeniería civil, para reforzar estas competencias clave.

- *Focus group*: Se ha planteado la creación de un grupo focal de discusión y debate para recoger y analizar las opiniones de los estudiantes sobre las actividades realizadas y su impacto en su formación.

Bloque II. Tareas asociadas a asignaturas específicas.

Este bloque incluye las tareas diseñadas para ser realizadas en el contexto de cada asignatura implicada en el proyecto. Las acciones implementadas son las siguientes:

- Listas de verificación o *checklists* de comunicación escrita y oral: Antes de entregar los trabajos escritos y de realizar las exposiciones orales, los estudiantes deben completar estas listas de verificación centradas en aspectos lingüísticos. El objetivo es fomentar la reflexión previa y asegurar el cumplimiento de las recomendaciones sobre comunicación académica.

- Cuestionarios de autoevaluación y coevaluación: Tras las exposiciones orales, los estudiantes responden un cuestionario de autoevaluación que les permite reflexionar críticamente sobre su nivel de dominio de las habilidades de comunicación oral. Además, realizan una coevaluación que contribuye a identificar fortalezas y áreas de mejora en las presentaciones de sus compañeros.

Es importante destacar que los profesores han sido responsables de diseñar, elaborar, validar e implementar los instrumentos mencionados, además de organizar las sesiones formativas. La Tabla 3 presenta el conjunto de tareas desarrolladas en esta experiencia, organizadas bajo dos criterios principales. Por un lado, las acciones se clasifican según su ámbito de aplicación: tareas realizadas de manera transversal por todo el alumnado (Bloque I), tareas integradas en las asignaturas específicas (Bloque II) o tareas realizadas por el profesorado. Por otro lado, las tareas se agrupan por su tipología: cuestionarios o *checklists*, formación, discusión de ideas, evaluación o difusión.

Tabla 3. Síntesis de las tareas realizadas como parte de la experiencia de innovación.

Tipología	Tareas realizadas por el alumnado Bloque I	Tareas realizadas por el alumnado Bloque II	Tareas realizadas por el profesorado
Cuestionarios y checklists	Responder un cuestionario de reflexión inicial de actitudes y creencias sobre la comunicación Responder un cuestionario de reflexión final de actitudes y creencias sobre la comunicación Responder un cuestionario sobre escritura académica a partir de un vídeo Responder un cuestionario sobre la preparación de una exposición oral a partir de un vídeo	Completar una checklist o lista de verificación sobre la escritura de un trabajo académico Completar una checklist o lista de verificación sobre la expresión oral de una exposición Responder un cuestionario de autoevaluación de una exposición oral Responder un cuestionario de coevaluación de una exposición oral	**Diseñar y validar todos de los instrumentos utilizados**
Formación	Visualizar un vídeo formativo sobre escritura académica Visualizar un vídeo formativo sobre la preparación de una exposición oral Realizar una lectura atenta de documentación informativa sobre la redacción y la defensa oral del TFG Asistir a jornadas de formación especializada sobre comunicación académica en el ámbito de la ingeniería civil		**Grabar un vídeo formativo sobre escritura académica** **Grabar un vídeo formativo sobre la preparación de una exposición oral** **Elaborar un documento informativo sobre la redacción y la defensa oral del TFG** **Organizar las jornadas de formación especializada**

Discusión de ideas	Participar en un grupo focal sobre el desarrollo del PIME		Asistir a las sesiones de seguimiento sobre el desarrollo del PIME
Evaluación		Entregar los trabajos escritos sobre los que se evaluará la expresión escrita Realizar las exposiciones orales sobre las que se evaluará la expresión oral	Diseñar y validar un criterio de evaluación de las habilidades de escritura de un trabajo académico Diseñar y validar un criterio de evaluación de la expresión oral de una exposición Evaluar las habilidades de expresión escrita y de expresión oral a partir de los criterios de evaluación
Difusión			Participar en encuentros científicos de orientación docente Participar en publicaciones científicas

Los cuestionarios y *checklists*, las iniciativas de formación y los grupos focales deben entenderse como un paquete de tareas que el alumnado ha realizado a lo largo del curso, bien de manera transversal, bien de manera integrada en las asignaturas implicadas en el PIME. Estas tareas se conciben como un conjunto de estrategias que constituyen el medio a través del cual se pretende alcanzar los objetivos propuestos. Por lo tanto, antes de detallar el contenido específico de estas tareas, es esencial mostrar la conexión entre cada tarea y cada objetivo.

Así, los cuestionarios sobre actitudes y creencias acerca de la comunicación han sido claves para dar respuesta a los objetivos 1, 4 y 5, puesto que la comparación de las respuestas a ambos cuestionarios (inicial y final) han permitido determinar en qué medida el alumnado ha mejorado la actitud y ha desarrollado la conciencia sobre la importancia de la comunicación en el ámbito académico.

Con respecto a los objetivos 4 y 5 específicamente, además de los cuestionarios mencionados, los grupos focales han sido una fuente de información fundamental ya que indagan en las principales áreas de dificultad y las problemáticas que encuentra el estudiante en cuanto al desarrollado de habilidades comunicativas en el entorno educativo, así como en el grado de mejora que perciben tras la implementación del PIME.

Por su parte, las acciones relacionadas con las *checklists*, los cuestionarios de autoevaluación y coevaluación y las tareas formativas (ver los vídeos, leer las recomendaciones de TFG, y asistir a las jornadas de formación) han estado dirigidas a que los estudiantes mejoren la redacción de trabajos escritos (objetivo 2) y la elaboración de exposiciones orales (objetivo 3).

En la Tabla 3 también se incluyen las tareas realizadas por el profesorado. En el caso de la evaluación, se ha diseñado y validado un criterio de evaluación de expresión escrita y un criterio de evaluación de expresión oral (véase Figura 1) que permite calificar del 1 al 5 el nivel de competencia oral y escrita de los alumnos en los trabajos que entregan en cada asignatura y en las exposiciones orales que realizan. Estos criterios permiten valorar si los objetivos 2 y 3 se cumplen.

Figura 1. Criterios de evaluación de expresión escrita y oral.

CRITERIO PARA EVALUAR LA EXPRESIÓN ESCRITA DE LOS TRABAJOS ENTREGADOS
El texto...
- desarrolla las ideas de manera coherente,
- está escrito en un lenguaje académico adecuado,
- se muestra cohesionado con elementos de enlace,
- utiliza estructuras gramaticales correctas, un vocabulario preciso y respeta las normas ortográficas.
CRITERIO PARA EVALUAR LA EXPRESIÓN ORAL EN LA PRESENTACIÓN DE TRABAJOS EN CLASE
El estudiante
- organiza la presentación de manera coherente,
- utiliza un lenguaje académico adecuado y correcto gramaticalmente,
- modula la voz de manera conveniente,
- controla el lenguaje corporal (los gestos, la postura, la mirada, los movimientos).

5. INSTRUMENTOS

Para el desarrollo del PIME se han diseñado una serie de instrumentos que permiten la realización de las tareas definidas en el apartado anterior. Es importante destacar que, antes de su implementación, dichos instrumentos fueron diseñados y validados por un grupo de profesores especialistas en análisis lingüístico aplicado a la comunicación especializada, pertenecientes al equipo docente del PIME. Este proceso de validación asegura la validez y fiabilidad de los instrumentos, lo que garantiza la rigurosidad metodológica del proyecto y la calidad de los resultados obtenidos.

5.1. Cuestionarios de reflexión (inicial y final)

Estos cuestionarios han sido diseñados para explorar las prácticas habituales, limitaciones y necesidades de los estudiantes en relación con la comunicación oral y escrita. Cada cuestionario consta de doce preguntas con cinco opciones de respuesta, que varían desde "1. Totalmente en desacuerdo" hasta "5. Totalmente de acuerdo". Las preguntas abordan diversos aspectos, como las dificultades percibidas por el alumnado para expresarse oralmente y por escrito en el ámbito académico, el uso de fuentes de consulta lingüística (por ejemplo, diccionarios), la importancia otorgada al cuidado del estilo de redacción, la expresión oral y el lenguaje no verbal en tareas académicas, así como en la elaboración del TFG. Además, indagan en las expectativas de mejora tras participar en el proyecto.

Los estudiantes deben completar el cuestionario en dos momentos: antes y después de la implementación del PIME. Este enfoque permite comparar los resultados obtenidos y evaluar el impacto del proyecto en el desarrollo de sus competencias comunicativas. Concretamente, los dos cuestionarios se estructuran como sigue:

- Cuestionario inicial de actitudes y creencias sobre la comunicación (véase Figura 2): https://forms.gle/6McqbgMDfhKctdX57

- Cuestionario final de actitudes y creencias sobre la comunicación: https://forms.gle/MPSzZWkub48dFbYaA

Figura 2. Muestra del cuestionario inicial de actitudes, necesidades y expectativas.

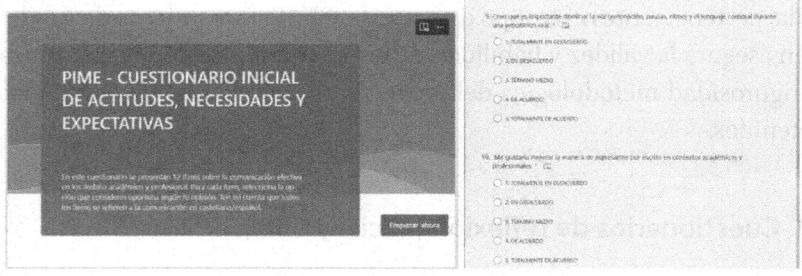

5.2. Vídeos formativos sobre escritura académica y comunicación oral

Como parte de las iniciativas de formación, se han elaborado dos vídeos formativos enfocados en la redacción académica y la expresión oral, con el objetivo de mejorar las competencias comunicativas del alumnado.

El primer vídeo está orientado a fomentar la claridad y precisión en la escritura académica, proporcionando orientaciones prácticas y herramientas útiles para alcanzar estos objetivos. En el vídeo, se analizan errores frecuentes en la escritura académica y se ofrecen recomendaciones para evitarlos. Se abordan temas clave como la adecuación del lenguaje, la coherencia y cohesión en los textos, y la correcta elaboración de citas y referencias bibliográficas en estilos como APA o ASE. Asimismo, se exploran estrategias para emplear términos precisos en español y citar conceptos teóricos y normativas de manera adecuada. Además, se proporcionan recursos adicionales que permiten profundizar en los aspectos tratados.

El segundo vídeo aborda las claves para una presentación oral efectiva. Se destacan elementos esenciales como la pronunciación, el lenguaje no verbal y la interacción con el público. A lo largo del vídeo, se ofrecen consejos prácticos sobre cómo modular la voz, utilizar pausas estratégicas, controlar los movimientos corporales y gestionar el espacio físico. También se pone énfasis en técnicas para distribuir la mirada entre el público, evitando centrarse en una sola persona, y en la importancia de controlar el tiempo de exposición mediante una adecuada práctica previa.

Los dos vídeos se pueden visualizar en los enlaces siguientes:

· Vídeo formativo como objeto de aprendizaje PoliMedia sobre redacción académica: *https://media.upv.es/#/portal/video/cf4f8760-560e-11ed-b9e4-9d8f9d91fec2*

- Vídeo formativo como objeto de aprendizaje PoliMedia sobre exposiciones orales *https://media.upv.es/#/portal/video/8af42980-5c36-11ed-ae9b-534af632fe8d*

5.3. Cuestionario sobre escritura académica y comunicación oral a partir de los vídeos

Adicionalmente, tras la visualización de los dos vídeos formativos, los estudiantes deben completar dos cuestionarios diseñados para evaluar su comprensión de los contenidos tratados. Cada cuestionario consta de diez preguntas de respuesta múltiple, con tres opciones de respuesta por pregunta. Estas preguntas se centran en los aspectos clave abordados en los vídeos, permitiendo valorar el grado de asimilación de los conceptos presentados.

En el caso del vídeo sobre escritura académica, las preguntas incluyen temas como las principales fases del proceso de escritura, las propiedades textuales, el uso correcto de las mayúsculas y los signos de puntuación, y la identificación de fuentes de consulta lingüística adecuadas. Por otro lado, el cuestionario del vídeo sobre expresión oral se enfoca en las fases de preparación del discurso, la estructura de una presentación oral, y el dominio de habilidades relacionadas con la expresión oral y el lenguaje no verbal.

Concretamente, los cuestionarios son los siguientes:

- Cuestionario sobre un vídeo formativo en torno a la redacción académica: https://forms.gle/kdNTmoEPVBeNmaqj8
- Cuestionario sobre un vídeo formativo en torno a las exposiciones orales (véase Figura 3): https://forms.gle/MgSNibpZKVaqbFtC7

Figura 3. Muestra del cuestionario sobre el vídeo formativo "Preparación y pronunciación de una presentación oral".

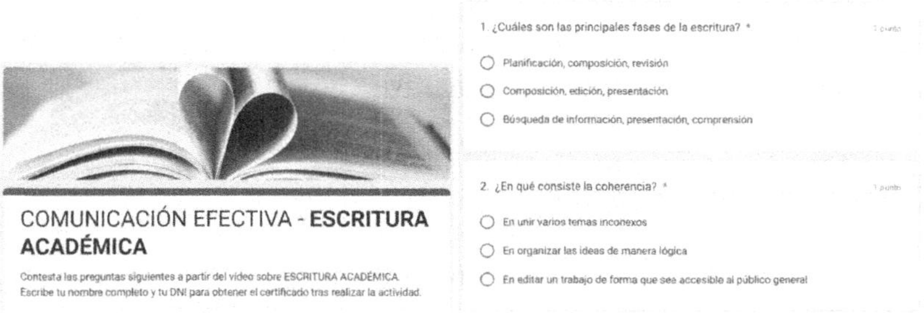

5.4. Guía para el Trabajo de Fin de Grado

Se ha elaborado una guía con orientaciones para la redacción y defensa del TFG. Este documento está diseñado para orientar al alumnado en todas las etapas del proceso de elaboración del TFG, desde la estructura y redacción del trabajo hasta la presentación y defensa ante un tribunal, fomentando un enfoque técnico y profesional en la comunicación.

La guía detalla las secciones recomendadas para el TFG, incluyendo portada, resumen, índices, capítulos principales (introducción, estado de la cuestión, análisis del problema, desarrollo, implantación y conclusiones) y anexos. También proporciona pautas sobre el uso de lenguaje técnico, claridad expositiva y formato del documento, enfatizando la importancia de la precisión, la organización y la corrección lingüística. Se destaca el uso de herramientas visuales y una estructura lógica para facilitar la comprensión del trabajo por parte de lectores y evaluadores.

En cuanto a la defensa, el documento subraya la relevancia de preparar una presentación que combine claridad, concisión y recursos visuales efectivos, ajustados al nivel técnico del tribunal. Se ofrecen recomendaciones sobre el diseño de diapositivas, gestión del tiempo y desarrollo de habilidades comunicativas, con el fin de maximizar la efectividad de la exposición oral. Este enfoque integral refleja el objetivo del proyecto de innovación educativa: potenciar las competencias comunicativas del estudiantado en el ámbito académico y profesional.

Se puede consultar el documento original en el siguiente enlace web: ANEXO-Competencia comunicativa

5.5. Jornadas de formación

Para complementar la formación en comunicación escrita y oral, se han organizado dos sesiones formativas específicas sobre redacción académica aplicada al ámbito de la ingeniería civil. Estas jornadas son impartidas por especialistas en perfeccionamiento lingüístico y comunicación especializada en entornos académicos y profesionales.

En la primera anualidad, la actividad se llevó a cabo el 3 de mayo de 2023 y estuvo a cargo de la Dra. Zaida Núñez Bayo, de la Universidad de Alcalá (España). En la segunda anualidad, la jornada tuvo lugar el 19 de diciembre de 2023 y fue dirigida por la Dra. María Pilar Valero Fernández, de Small Wide World, Intercultural Training. En las jornadas participaron cerca de 50 estudiantes, quienes se implicaron de manera activa en las actividades propuestas.

Concretamente, las sesiones tuvieron un carácter teórico-aplicado, en las que las explicaciones proporcionadas por las especialistas se combinaron con ejercicios que requerían la participación del alumnado. Algunas de las tareas propuestas estaban dirigidas a identificar errores de redacción en un texto académico sobre ingeniería civil, describir los errores identificados y proporcionar una alternativa correcta. También se pidió al alumnado que respondiera oralmente sobre cuestiones concretas de ortografía especializada y que reflexionara sobre la importancia de escribir correctamente en el ámbito académico.

5.6. *Focus groups*

Se han celebrado dos *focus groups* con el alumnado, uno en cada anualidad, los días 19 de junio de 2023 y 11 de julio de 2024. El objetivo principal de estas sesiones de discusión ha sido identificar las problemáticas y dificultades percibidas por los estudiantes en torno a la comunicación académica, explorar la necesidad de perfeccionar sus habilidades comunicativas y evaluar la mejora en la comunicación efectiva conseguida tras la implementación del PIME. Asimismo, se buscó valorar la utilidad de las tareas propuestas y recopilar sugerencias para futuras mejoras.

Las ideas y aportaciones planteadas en los grupos focales se han compartido con el profesorado implicado en el proyecto, permitiendo un intercambio de puntos de vista e impresiones sobre los temas tratados. Las principales conclusiones obtenidas de estas sesiones han resultado clave para ajustar y optimizar la planificación de las tareas en las siguientes ediciones del proyecto.

5.7. Listas de verificación o *checklist* de comunicación escrita y oral

Como parte de las tareas integradas en las asignaturas participantes en el proyecto PIME, se han incorporado listas de verificación o *checklists*. Estas asignaturas emplean metodologías activas que incluyen, como parte de la evaluación, la redacción de documentos y la exposición oral de trabajos relacionados con temas de ingeniería civil. Antes de entregar sus trabajos o proyectos y realizar sus exposiciones orales, los estudiantes deben completar estas listas, con el objetivo de asegurarse de que han seguido las recomendaciones establecidas en el marco del proyecto.

La lista relativa a la expresión escrita contiene catorce ítems sobre cuestiones de revisión estilística, corrección ortográfica, consulta lingüística y bibliográfica, y consistencia en el formato.

La dedicada a la expresión oral incluye diez ítems sobre aspectos relacionados con el contenido y la estructura de la presentación oral, la bibliografía, la práctica previa al día de la exposición, la gestión del tiempo, las preguntas posteriores, el lenguaje no verbal y el formato de las diapositivas utilizadas como apoyo audiovisual.

En particular, se proporcionan los dos *checklists* específicos:

· Lista de verificación o checklist sobre aspectos de redacción que el alumnado debe cumplimentar antes de la entrega de trabajos escritos en las asignaturas participantes: https://forms.office.com/e/RT1FsiJzJH

· Lista de verificación o checklist sobre aspectos de comunicación oral (verbal y no verbal) que el alumnado debe cumplimentar antes de las exposiciones orales en las asignaturas: participantes (véase Figura 4): https://forms.office.com/e/KgbpX4fgLH

Figura 4. Muestra de la checklist o lista de verificación de la expresión oral.

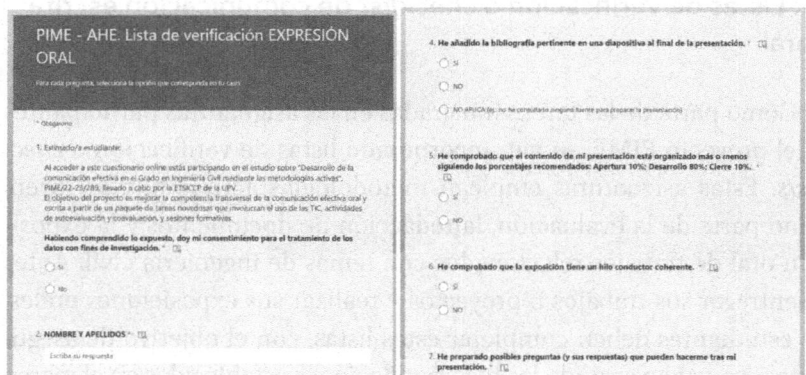

5.8. Cuestionario de autoevaluación y coevaluación

Además, los estudiantes deben completar dos cuestionarios tras las exposiciones orales realizadas en las asignaturas. El objetivo de esta actividad es fomentar una valoración crítica, permitiéndoles reflexionar sobre su propia exposición o evaluar la presentación de sus compañeros, contribuyendo así a su desarrollo comunicativo y a la mejora continua de sus habilidades.

-Cuestionario de autoevaluación de las exposiciones orales (*véase* Figura 5): https://forms.gle/F8Nm1esgQTz8gDMk6

-Cuestionario de coevaluación de las exposiciones orales: https://forms.gle/v8c5vSwDkrKHJiE29

El cuestionario de autoevaluación consta de seis afirmaciones sobre las cuales el alumnado debe auto valorarse utilizando una escala de calificaciones que va desde "1 - Deficiente" hasta "4 - Excelente". Las afirmaciones abordan aspectos como su percepción sobre el dominio del contenido, el tono de voz empleado, la corrección lingüística, el control del lenguaje corporal, la gestión de las emociones y la actitud mostrada durante la actividad.

Por otro lado, el cuestionario de coevaluación está compuesto por cinco preguntas que evalúan el dominio del contenido, la organización de la información, la expresión oral, el lenguaje no verbal y la gestión del tiempo. Al igual que en el cuestionario de autoevaluación, los estudiantes deben valorar estos aspectos utilizando la misma escala de calificación.

Figura 5. Muestra del cuestionario de autoevaluación.

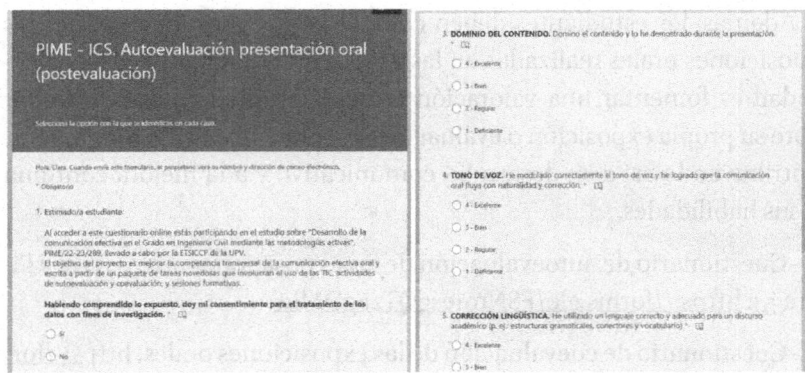

6. CONCLUSIONES

La metodología implementada en este proyecto ha permitido desarrollar un enfoque estructurado y fundamentado para la mejora de la comunicación oral y escrita en el ámbito de la ingeniería civil. A través de tareas diseñadas específicamente para fortalecer estas competencias, los estudiantes han podido adquirir habilidades esenciales para su desempeño académico y profesional.

El proyecto ha incorporado diversas herramientas metodológicas, como cuestionarios de reflexión, cuestionarios sobre escritura académica y expresión oral, y listas de verificación, con el propósito de fomentar una mayor conciencia sobre la importancia de la comunicación en el ámbito académico. Además, las sesiones de formación y los vídeos formativos han servido como recursos clave para mejorar las habilidades del alumnado en este campo. Paralelamente, los procesos de autoevaluación y coevaluación han contribuido al desarrollo de la capacidad de análisis crítico de los estudiantes, promoviendo un aprendizaje más autónomo y reflexivo. Por su parte, los *focus groups* han permitido recoger información valiosa sobre las dificultades y percepciones del alumnado, facilitando la adaptación y mejora de las estrategias de enseñanza en función de sus necesidades.

En definitiva, este capítulo presenta una propuesta metodológica integral para la mejora de la competencia comunicativa del alumnado, la cual se ha incorporado de manera natural en las asignaturas sin alterar significativamente sus metodologías previas.

REFERENCIAS BIBLIOGRÁFICAS

Hermosilla, Z., Clemente, M., Trinidad, Á., y Andrés, J. (2013). Competencia en comunicación oral: un reto para el ingeniero. *New Changes in Technology and Innovation, International Conference on Innovation, Documentation and Teaching Technologies* (*INNODOCT'13*), 189–196.

Labrador, M. J. y Andreu, M. Á. (2008). *Metodologías activas*. Universitat Politècnica de València. ISBN: 978-84-8363-330-4.

Passow, H. J., y Passow, C. H. (2017). What Competencies Should Undergraduate Engineering Programs Emphasize? A Systematic Review. *Journal of Engineering Education, 106*(3), 475–526. https://doi.org/https://doi.org/10.1002/jee.20171

Real Zumba, G., Mora Aristega, A. M., Sánchez Soto, M. A., Daza Suárez, S. K., y Zúñiga García, D. I. (2023). *Estrategias y metodologías de enseñanza para el aprendizaje activo en la Educación Superior*. Texas: Editorial Tecnocientífica Americana. https://doi.org/10.51736/eta2021tu5

Regueiro Rodríguez, M. L., y Sáez Rivera, D. M. (2013). *El español académico. Guía práctica para la elaboración de textos académicos*. Madrid: Arco Libros.

Silva, J., y Maturana, D. (2017). Una propuesta de modelo para introducir metodologías activas en educación superior. *Innovación Educativa (México, DF)*, *17*(73), 117–131.

Capítulo 3
Actitudes y creencias hacia la comunicación por parte del alumnado

Rosa Arroyo López
Dpto. Ingeniería de los Transportes y del Terreno,
Universitat Politècnica de València

Vanesa Lo Iacono Ferreria
Dpto. de Proyectos de Ingeniería,
Universitat Politècnica de València

1. INTRODUCCIÓN

La participación del alumnado toma cada vez más una posición central en el proceso de enseñanza-aprendizaje, destacando el papel de la cooperación, el trabajo en equipo y el aprendizaje autónomo.

En este proyecto de innovación y mejora educativa (PIME) se espera un impacto positivo en el desarrollo de la competencia transversal de la comunicación efectiva, además de en otras competencias transversales como el pensamiento crítico (CT-09), enfocada en reflexionar de manera crítica sobre el trabajo propio y ajeno y emitir juicios de valor fundamentados.

En particular, el tercer objetivo específico (OE-3), expuesto en el capítulo previo a este, propone desarrollar la toma de conciencia del alumnado sobre la relevancia de la comunicación efectiva en el ámbito académico y profesional del sector de la ingeniería. Así, se busca hacer reflexionar a los estudiantes sobre la importancia de disponer de habilidades comunicativas efectivas, reforzar su actitud positiva hacia la adquisición de esta competencia y cubrir sus necesidades y expectativas en materia de comunicación. Este objetivo engloba todas las asignaturas implicadas.

En este sentido, la reflexión crítica adquiere un papel fundamental en el proceso de aprendizaje. Según Chacón (2016) la reflexión se asume como un proceso de revisión, reflexionar implica un acto de pensamiento, es abstraerse para observar, debatir consigo mismo y tratar de explicar las propias acciones; es mirar críticamente lo que se hace, justificar cada una de las decisiones tomadas y profundizar desde el cuestionamiento propio, a fin de rectificar o tomar decisiones que pretenden, en todo caso, mejorar la práctica docente. Así pues, desde el punto de vista de la enseñanza, reflexionar es mucho más que una norma, implica un acto de pensamiento capaz de ayudarnos a explicar las prácticas que desarrollamos, justificar nuestras acciones y explicitar la intencionalidad de la educación y la enseñanza. Para ello, es necesario transformar las aulas universitarias en espacios para la acción, discusión y cuestionamiento permanente sobre el quehacer educativo; es decir, la reflexión debe aprenderse desde la reflexión misma (Chacón, 2016).

Por otra parte, las creencias son cogniciones, conocimientos o informaciones que los sujetos poseen sobre un objeto actitudinal. En términos operativos, es la acción de creer en un objeto o situación que se supone verosímil o que tiene para el individuo algo digno de ser creído (Aigneren, 2008). La diferencia entre creencia y actitud reside en que, si bien ambas comparten una dimensión cognitiva, las actitudes son fenómenos esencialmente afectivos (Chacón, 2016).

En este capítulo se presentan las tareas realizadas para estudiar las actitudes y creencias hacia la comunicación por parte de los/las estudiantes. Los instrumentos utilizados para tal fin son cuestionarios y *focus groups*. Los cuestionarios se centran en las actitudes y creencias al inicio del proyecto y al final con el objetivo de poder estudiar la evolución y el efecto del proyecto, mientras que los *focus group* se realizan al final del proyecto y permiten recoger un amplio rango de opiniones e impresiones. Estas tareas sirven de reflexión y toma de conciencia para los estudiantes.

En primer lugar, el objetivo del PIME se aborda desde el punto de vista metodológico el desarrollo y validación de los instrumentos utilizados, considerando los ítems y escalas utilizados. Posteriormente, se presentan los resultados de los cuestionarios y las conclusiones de los *focus group* realizados.

2. METODOLOGÍA

2.1. Cuestionarios sobre creencias y actitudes hacia la comunicación

El objetivo perseguido con los cuestionarios es analizar las creencias y actitudes, así como las prácticas habituales, necesidades y limitaciones que encuentran los estudiantes en relación con la comunicación oral y escrita.

Considerando las limitaciones de tiempo y teniendo en cuenta que un cuestionario excesivamente largo puede contribuir al abandono, se decide limitar a 12 preguntas cada uno de ellos. En el cuestionario inicial, se abordan distintos aspectos, como las dificultades percibidas por los estudiantes para expresarse, tanto de forma oral como escrita en el ámbito académico, el uso de fuentes de consulta lingüística, la relevancia que los estudiantes otorgan al cuidado del estilo de redacción, la expresión oral y el lenguaje no verbal en tareas académicas, así como en la elaboración del trabajo de fin de grado (TFG). Por último, se pregunta por las expectativas de mejora que supone la participación en el proyecto. En el cuestionario final se recogen los mismos aspectos tras finalizar el PIME, así como la importancia percibida de los distintos aspectos y la predisposición para continuar mejorando la comunicación.

Los estudiantes responden los cuestionarios antes y después de la implementación del PIME, con el objetivo de contrastar los resultados obtenidos y evaluar el impacto del proyecto en el desarrollo de sus competencias comunicativas.

Las escalas de actitud son técnicas de medida de la cantidad de una propiedad, llamada actitud hacia algo, poseída por un conjunto de personas. En un cuestionario se nos presenta como un conjunto de preguntas que tienen una estructura de ítems o proposiciones utilizados para cuantificar características o variables del comportamiento social. Estas características, llamadas *actitudes*, generalmente se conciben como latentes o no-manifiestas: como instrumento de medición de las características de una variable ya que las escalas permiten que los valores de la variable puedan ser representados por un puntaje; como definición operacional de un concepto abstracto; como un instrumento de medición de asuntos complejos o sensibles (Aigneren, 2008).

La escala seleccionada para la valoración de los ítems es la escala de Likert de 5 puntos, una de las más utilizadas. Así, se pide a los sujetos que indiquen su grado de acuerdo-desacuerdo con una serie de afirmaciones que abarcan todo el espectro de la respuesta, en una escala de 5 puntos, donde 1 es total desacuerdo y 5 total acuerdo. Estas escalas presuponen que cada afirmación de la escala es una función lineal de la misma dimensión actitudinal, es decir, que todos los ítems que componen la escala deberán estar correlacionados entre sí y que existirá una correlación positiva entre cada ítem y la puntuación total de la escala (Perloff, 1993).

A continuación, se presentan los ítems finalmente seleccionados para los dos cuestionarios.

2.1.1 Cuestionario inicial

1. Cuando redacto trabajos y proyectos, tengo dificultades para expresarme por escrito porque me faltan recursos lingüísticos.

2. Cuando hago presentaciones en clase, tengo dificultades para expresarme porque me faltan recursos lingüísticos y control del lenguaje corporal.

3. Cuando escribo trabajos y proyectos, suelo consultar diccionarios de lengua española, diccionarios de sinónimos y otras fuentes de consulta lingüística.

4. Creo que es importante que un trabajo o proyecto tenga un buen estilo de redacción y esté escrito con corrección gramatical y ortográfica.

5. Creo que es importante que una exposición oral esté estructurada de manera coherente y las ideas estén cohesionadas.

6. Creo que es importante dominar la voz (entonación, pausas, ritmo) y el lenguaje corporal durante una exposición oral.

7. Me gustaría mejorar la manera de expresarme por escrito en contextos académicos y profesionales.

8. Me gustaría mejorar la manera de expresarme oralmente en contextos académicos y profesionales.

9. Me gustaría tener unas orientaciones que me ayuden a redactar el TFG.

10. Me gustaría tener unas orientaciones que me ayuden a exponer el TFG en el acto de la defensa.

11. Creo que las actividades de este proyecto me ayudarán a mejorar mi expresión escrita.

12. Creo que las actividades de este proyecto me ayudarán a mejorar mi expresión escrita.

2.1.2 Cuestionario final

En el cuestionario final se incluye, en primer, lugar una pregunta relativa al grado de cumplimiento de las tareas del PIME, que se formula de la siguiente manera:

Por favor, indica el grado en que has realizado las tareas propuestas en este Proyecto de Innovación y Mejora Educativa (PIME). Las tareas incluyen: ver los vídeos Polimedia y contestar los cuestionarios; completar una autoevaluación después del examen oral; y contestar unas "checklist" antes de entregar trabajos escritos y antes de hacer las presentaciones orales.

- He realizado el 100 % de las tareas propuestas
- He realizado el 75 % de las tareas propuestas
- He realizado el 50 % de las tareas propuestas
- He realizado el 30 % de las tareas propuestas
- He realizado menos del 30 % de las tareas propuestas

A continuación, se presentan las preguntas de la siguiente manera:

1. Después del PIME... Cuando redacto trabajos y proyectos, tengo dificultades para expresarme por escrito porque me faltan recursos lingüísticos.

2. Después del PIME... Cuando hago presentaciones en clase, tengo dificultades para expresarme porque me faltan recursos lingüísticos y control del lenguaje corporal.

3. Después del PIME... Cuando escribo trabajos y proyectos, suelo consultar diccionarios de lengua española, diccionarios de sinónimos y otras fuentes de consulta lingüística.

4. Después del PIME... Creo que es importante que un trabajo o proyecto tenga un buen estilo de redacción y esté escrito con corrección gramatical y ortográfica.

5. Después del PIME... Creo que es importante que una exposición oral esté estructurada de manera coherente y las ideas estén cohesionadas.

6. Después del PIME... Creo que es importante dominar la voz (entonación, pausas, ritmo) y el lenguaje corporal durante una exposición oral.

7. Después del PIME... Me gustaría seguir mejorando la manera de expresarme por escrito en contextos académicos y profesionales.

8. Después del PIME... Me gustaría seguir mejorando la manera de expresarme oralmente en contextos académicos y profesionales.

9. Después del PIME... Creo que las actividades de este proyecto me han ayudado a mejorar mi expresión escrita.

10. Después del PIME... Creo que las actividades de este proyecto me han ayudado a mejorar mi expresión oral.

11. Me gustaría tener unas orientaciones que me ayuden a redactar el TFG.

12. Me gustaría tener unas orientaciones que me ayuden a exponer el TFG en el acto de la defensa.

2.2. Focus groups

Los *focus groups* o grupos focales son entrevistas que se realizan en el mismo espacio físico o virtual para recabar información en el marco de los estudios cualitativos. Los *focus groups* se realizan en un contexto de interacción social entre varios entrevistados y el entrevistador. Los *focus groups*, además de ser considerados como una estrategia de investigación, también se destacan como espacios que, en la conversación, pueden detonar formas colectivas de producción del conocimiento y de reflexión (Freidin, 2016).

El *focus groups* puede ser también una herramienta valiosa para obtener información acerca de las percepciones, reacciones y expectativas de los usuarios ante distintos servicios (Gómez y Fernando, 2008)

Las sesiones reúnen, durante un tiempo predeterminado, a grupos pequeños de usuarios con un moderador que será el encargado de hacer las preguntas y de ir centrando la atención en los distintos aspectos o focos objeto del estudio. Las preguntas son respondidas por la interacción del grupo en una dinámica en la que los participantes se sienten cómodos, libres de hablar y comentar sus opiniones, aportando ideas sobre cómo mejorar los servicios, sus motivos de insatisfacción-satisfacción, etc.

Según Johnson (1996), el uso de los grupos focales en la investigación social de tipo cualitativo posee el potencial para que los participantes tomen conciencia de sus problemáticas diarias y, en esa medida, pueden constituirse como una fuente de empoderamiento, fomentando con ello una identidad colectiva que los lleve incluso a proponer formas de transformación social y solución de sus problemas. En línea con esto, Wibeck et al. (2007) mencionan que, de manera similar al aprendizaje basado en problemas, los grupos focales suponen aprendizajes para los participantes en la medida en que las personas se involucran en un proceso de construcción de sentido colectivo, a través de observar la comunicación, el lenguaje y el pensamiento de quienes participan en un grupo (Benavides-Lara et al., 2022).

Siguiendo los aspectos anteriormente mencionados, se han realizados dos sesiones, los días 19 de junio de 2023 y 11 de junio de 2024, y participaron 8 estudiantes. El profesorado participante en el PIME se encargó de las tareas de guiado, coordinación, así como animar a los estudiantes a participar activamente en el proyecto. Las sesiones se centraron en tres puntos principales:

· Actitud hacia la comunicación y necesidades comunicativas

· Valoración de la utilidad de las tareas

- Aspectos valorados positivamente y aspectos mejorables
- Sugerencias de futuro

3. RESULTADOS

3.1. Cuestionarios sobre creencias y actitudes hacia la comunicación

En la tabla 1 se presentan los resultados del cuestionario realizado al inicio del proyecto, en el cual se obtuvieron 100 respuestas como suma de las dos anualidades del PIME.

Tal como se puede observar, los estudiantes no perciben especiales dificultades por falta de recursos lingüísticos a la hora de expresarse por escrito y de forma oral, la respuesta media corresponde con el valor neutro en torno al 3. Sin embargo, la desviación típica es de en torno a 1 punto, lo que conlleva diferencias entre los estudiantes que participaron. Similares resultados se obtienen para el uso de diccionarios y otras fuentes de consulta lingüística a la hora de realizar proyectos y trabajos.

Seguidamente, se analiza la importancia otorgada a diversos aspectos de la comunicación, obteniéndose una elevada puntuación, cercana a 5, para los tres aspectos evaluados: corrección gramatical y ortografía, estructura de la exposición oral y coherencia de ideas, dominio de la voz y lenguaje corporal durante la exposición oral.

Respecto a la predisposición para mejorar tanto la expresión escrita como la oral se obtienen igualmente valoraciones altas, 4.27 y 4.42 respectivamente. Ningún estudiante muestra desacuerdo con dichos ítems.

Por otra parte, los estudiantes declaran que les gustaría disponer de orientaciones que ayuden a escribir y exponer en el acto de defensa el Trabajo Fin de Grado (puntuaciones medias de 4.63 y 4.67). Por último, los estudiantes muestran su confianza en el PIME para mejorar su comunicación escrita (4.02) y oral (4.08).

Tabla 1. Resultados del cuestionario inicial

	N	Mínimo	Máximo	Media	Moda	Desv. Típica
1. Cuando redacto trabajos y proyectos, tengo dificultades para expresarme por escrito porque me faltan recursos lingüísticos.	100	1	5	2,50	2	1,00
2. Cuando hago presentaciones en clase, tengo dificultades para expresarme porque me faltan recursos lingüísticos y control del lenguaje corporal.	100	1	5	2,85	2	1,08
3. Cuando escribo trabajos y proyectos, suelo consultar diccionarios de lengua española, diccionarios de sinónimos y otras fuentes de consulta lingüística.	100	1	5	2,88	3	1,18
4. Creo que es importante que un trabajo o proyecto tenga un buen estilo de redacción y esté escrito con corrección gramatical y ortográfica.	100	3	5	4,85	5	0,44
5. Creo que es importante que una exposición oral esté estructurada de manera coherente y las ideas estén cohesionadas.	100	3	5	4,79	5	0,50
6. Creo que es importante dominar la voz (entonación, pausas, ritmo) y el lenguaje corporal durante una exposición oral.	100	2	5	4,77	5	0,53
7. Me gustaría mejorar la manera de expresarme por escrito en contextos académicos y profesionales.	100	1	5	4,27	5	0,80
8. Me gustaría mejorar la manera de expresarme oralmente en contextos académicos y profesionales.	100	3	5	4,42	5	0,64
9. Me gustaría tener unas orientaciones que me ayuden a redactar el TFG.	100	3	5	4,63	5	0,56
10. Me gustaría tener unas orientaciones que me ayuden a exponer el TFG en el acto de la defensa.	100	3	5	4,66	5	0,55
11. Creo que las actividades de este proyecto me ayudarán a mejorar mi expresión escrita.	100	1	5	4,02	4	0,84
12. Creo que las actividades de este proyecto me ayudarán a mejorar mi expresión oral.	100	2	5	4,08	4	0,81

En la tabla 2 se muestran los resultados del cuestionario realizado tras la finalización del PIME, en esta ocasión el tamaño muestral conseguido es inferior, obteniéndose 32 respuestas. Esta baja participación puede deberse a la desvinculación de las asignaturas y del curso en general una vez finalizadas aquellas.

Según se muestra en la tabla, los estudiantes reducen sensiblemente las dificultades percibidas en su expresión por escrito y oral en las presentaciones de clase. Cabe destacar la influencia del proyecto en el uso y consulta de diccionarios u otras fuentes de consulta lingüística, pasando de una puntuación media de 2.88 a 3.28, la desviación típica es similar y sugiere heterogeneidad entre las respuestas.

Por otro lado, la importancia asignada a la corrección gramatical y ortográfica, así como a la estructura y cohesión en la expresión oral resulta similar y no se encuentran cambios significativos.

Respecto a la intención de mejora continua en cuanto a expresión oral y escrita, se obtienen valores ligeramente superiores al finalizar el PIME, lo cual pone de manifiesto la labor de concienciación y sensibilización del proyecto.

En cuanto a la valoración de las actividades del proyecto en la mejora de la expresión oral y escrita, la valoración asignada por los estudiantes es algo más moderada. Sin embargo, se incrementa el deseo de disponer de orientaciones para la redacción y defensa del TFG.

Estos resultados deben tenerse en cuenta considerando la menor participación de los estudiantes, así como la posible desvinculación con el curso una vez finalizado.

Tabla 2. Resultados del cuestionario final

	N	Mínimo	Máximo	Media	Moda	Desv. Típica
1. Después del PIME... Cuando redacto trabajos y proyectos, tengo dificultades para expresarme por escrito porque me faltan recursos lingüísticos.	32	1	5	2,22	2	0,91
2. Después del PIME... Cuando hago presentaciones en clase, tengo dificultades para expresarme porque me faltan recursos lingüísticos y control del lenguaje corporal.	32	1	5	2,47	2	0,88
3. Después del PIME... Cuando escribo trabajos y proyectos, suelo consultar diccionarios de lengua española, diccionarios de sinónimos y otras fuentes de consulta lingüística.	32	1	5	3,28	3	1,08
4. Después del PIME... Creo que es importante que un trabajo o proyecto tenga un buen estilo de redacción y esté escrito con corrección gramatical y ortográfica.	32	1	5	4,78	5	0,75
5. Después del PIME... Creo que es importante que una exposición oral esté estructurada de manera coherente y las ideas estén cohesionadas.	32	4	5	4,91	5	0,30
6. Después del PIME... Creo que es importante dominar la voz (entonación, pausas, ritmo) y el lenguaje corporal durante una exposición oral.	32	4	5	4,78	5	0,42
7. Después del PIME... Me gustaría seguir mejorando la manera de expresarme por escrito en contextos académicos y profesionales.	32	4	5	4,44	4	0,50
8. Después del PIME... Me gustaría seguir mejorando la manera de expresarme oralmente en contextos académicos y profesionales.	32	4	5	4,63	5	0,49
9. Después del PIME... Creo que las actividades de este proyecto me han ayudado a mejorar mi expresión escrita.	32	2	5	3,66	3	0,79
10. Después del PIME... Creo que las actividades de este proyecto me han ayudado a mejorar mi expresión oral.	32	1	5	3,66	3	0,94
11. Me gustaría tener unas orientaciones que me ayuden a redactar el TFG.	32	3	5	4,56	5	0,56
12. Me gustaría tener unas orientaciones que me ayuden a exponer el TFG en el acto de la defensa.	32	4	5	4,72	5	0,46

3.2. *Focus groups*

Seguidamente, se presentan las principales conclusiones de los *focus groups* realizados en ambas anualidades.

- Actitud hacia la comunicación y necesidades comunicativas
  - » Todos los participantes consideran de gran importancia prestar atención a la comunicación en el entorno académico y principalmente profesional.
  - » Una parte de los participantes indica que no ha percibido una mejoría muy significativa porque no tenían muchos problemas de partida.
  - » A todos les parece importante tener competencia comunicativa efectiva de cara al futuro laboral y para comunicar contenidos técnicos a gente no especialista en el tema.
  - » Este proyecto les ha permitido dar más importancia a la comunicación, por ejemplo, a la estructuración de un texto.

- Valoración de la utilidad de las tareas
  Aspectos valorados positivamente:
  - o El número de tareas parece adecuado.
  - » Se valoran muy positivamente los vídeos formativos
  - » Lo más valorado son las *checklists* ya que permiten anticiparse a posibles errores o deficiencias.
  - » Se muestra satisfacción con las herramientas proporcionadas para expresarse oralmente.
  - » Aspectos mejorables:
  - » La autoevaluación tras las exposiciones orales no parece tan útil.
  - » Algunas cuestiones de las *checklists* son repetitivas.

- Sugerencias de futuro
  - » Todos coinciden en que les gustaría recibir un *feedback* más desglosado sobre su exposición oral. Les gustaría te-

ner una evaluación cualitativa en la que se les detallará qué aspectos deben mejorar.

» Proponen hacer una sesión presencial donde puedan hacer exposiciones orales y evaluarse entre ellos y los profesores.

» Se sugiere incluir la realización de todas las tareas en tiempo de clase.

4. CONCLUSIONES

En este capítulo se exploran las actitudes y creencia hacia la comunicación escrita y oral por parte de los estudiantes. Para tal fin, se han desarrollado diversos instrumentos: cuestionarios que se han realizado antes y después de la intervención PIME, y grupos focales organizados al final de cada anualidad.

Los instrumentos han resultado adecuados y la aceptación del proyecto por parte de los estudiantes ha sido alta.

Entre las principales conclusiones cabe destacar la predisposición de los estudiantes a mejorar sus competencias lingüísticas tanto oral como escritas y el efecto del PIME en la sensibilización que ha conllevado en un aumento en la intención de mejora. Por otra parte, no se encuentran grandes dificultades y limitaciones en las distintas dimensiones de la comunicación. Asimismo, los estudiantes han manifestado su interés por disponer de orientaciones para la redacción y defensa del TFG.

En resumen, la valoración del proyecto ha sido muy positiva y ha tenido buena acogida entre los participantes. Como sugerencias de futuro, se destaca el interés por obtener retroalimentación detallada de la exposición oral y aspectos a mejorar, así como practicar este aspecto mediante sesiones presenciales.

REFERENCIAS BIBLIOGRÁFICAS

Aigneren Aburto, J. M. (2008). Técnicas de medición por medio de escalas. La Sociología en sus Escenarios, (18), 1–25.

Chacón Corzo, María A. (2006). La reflexión y la crítica en la formación docente. *Educere, 10*(33), 335-342.

Johnson, A. (1996). 'It's good to talk': The focus group and the sociological imagination. *The sociological review,* 44(3), 517-538.

Perloff, R.M., & Perloff, R.M. (1993). The Dynamics of Persuasion: Communication and Attitudes in the 21st Century (2nd ed.). Routledge.

Pompa, M., de Agüero, M., Sánchez-Mendiola, M. y Rendón, V. (2022). Los grupos focales. *CPU-e: Revista de Investigación Educativa, 34,* 163-197.

Wibeck, V., Abrendt, M. y Oberg, G. (2007). Learning in focus groups: an analytical dimension for enhancing focus group research. *Qualitative Research,* 7(2), 249-267.

Capítulo 4
Comunicación en el plano escrito

Eric Gielen
Departamento de Urbanismo,
Universitat Politècnica de València

1. INTRODUCCIÓN

La comunicación en el plano escrito es fundamental para un ingeniero civil porque asegura la claridad y precisión en la transmisión de especificaciones técnicas y objetivos del proyecto o plan que está trabajando. Esto ayuda a evitar malentendidos y errores costosos antes, durante y después de la ejecución del proyecto, garantizando que todos los involucrados comprendan sus responsabilidades y tareas. Además, facilita la coordinación y colaboración entre los diferentes equipos y disciplinas involucradas. Tal como señalan Scott, Scott y Billing (1998), la comunicación eficaz en ingeniería es una competencia profesional clave que impacta directamente en la eficiencia operativa y en la toma de decisiones técnicas.

Una buena comunicación escrita permite que todos los agentes estén alineados y puedan trabajar de manera eficiente y efectiva, lo que es crucial para el éxito del proyecto. En este sentido, la estructuración clara del mensaje escrita es esencial; Gopen y Swan (1990) explican que escribir bien en contextos técnicos no consiste solo en ser preciso, sino en organizar la información de acuerdo con la lógica del lector para facilitar la comprensión.

La documentación detallada de todas las decisiones, cambios y avances del proyecto también es importante para el seguimiento y evaluación del progreso. Según Cassany (2012), la escritura técnica no es solo un producto final, sino una herramienta de aprendizaje, análisis y reflexión profesional, lo que resalta su valor en el ciclo completo del proyecto.

La comunicación escrita en la ingeniería civil no solo es una herramienta técnica, sino también un ejercicio de responsabilidad hacia la sociedad. Al redactar informes técnicos, propuestas y planes, los ingenieros civiles aseguran que la información crucial sobre la seguridad y eficiencia de los proyectos se transmita de manera clara y precisa. Como afirman Juárez Lasso y Bonaplata Bilbao (2022), el dominio del español técnico especializado permite a los ingenieros estructurar textos informativos con un enfoque comunicativo y comprensible, incluso para audiencias no técnicas, fortaleciendo el vínculo con la comunidad.

Además, la producción académica escrita contribuye al avance del conocimiento en el campo de la ingeniería civil. Publicar artículos en revistas especializadas y presentar trabajos en conferencias técnicas permite compartir descubrimientos y mejores prácticas. Muñoz-Basols y Pérez Sinusía (2021) subrayan que el dominio de los géneros textuales académicos es crucial para participar en la construcción del saber disciplinar, donde la forma y el contenido deben alinearse con los estándares comunicativos del campo.

Este intercambio de información no solo mejora la calidad de los proyectos, sino que también impulsa la innovación y el desarrollo sostenible. Sulcas y English (2010) destacan que integrar habilidades comunicativas profesionales en la formación de ingenieros es imprescindible para asegurar que los egresados puedan contribuir de forma crítica y creativa a los retos técnicos y sociales actuales. Sin embargo, como advierte Flores Aguilar (2014), muchos estudiantes de ingeniería egresan con competencias comunicativas deficientes debido a que las instituciones de educación superior no siempre asumen su papel formativo en este aspecto. Esta omisión tiene implicaciones éticas y profesionales, ya que limita la capacidad de los futuros ingenieros para comunicar con claridad los aspectos críticos de sus proyectos. Por ello, resulta imprescindible articular programas institucionales que integren el desarrollo de la escritura académica y profesional como parte del perfil del ingeniero, en concordancia con los desafíos sociales, ambientales y tecnológicos que enfrenta la profesión.

La comunicación escrita en la ingeniería civil está también profundamente ligada a la ética profesional. Los ingenieros civiles tienen el deber de actuar con integridad, honestidad y transparencia. Esto incluye explicar claramente los beneficios y limitaciones de las infraestructuras, especialmente en términos de reducción de riesgos. Tal como indica Santos García (2012), comunicar implica no solo informar, sino también asumir una postura ética y responsable frente al impacto del mensaje. Aunque nunca se puede eliminar completamente el riesgo, es fundamental que los ingenieros comuniquen las medidas de seguridad y las estrategias de resiliencia implementadas en sus proyectos. La transparencia en la documentación refuerza la confianza con la comunidad y responde a los principios éticos del oficio. Además, la responsabilidad del ingeniero civil incluye considerar el impacto ambiental y social de sus decisiones. La integración de principios de sostenibilidad y resiliencia en los proyectos debe ir acompañada de una comunicación clara y ética sobre estos aspectos, reforzando así una cultura de seguridad y responsabilidad compartida (Cassany, 2012; Scott et al., 1998). En este sentido, la escritura no debe entenderse solo como una herramienta técnica, sino como una competencia genérica esencial para el ejercicio profesional, tal como afirman Cerato y Gallino (2013). La habilidad de comunicar con claridad, sustentar decisiones técnicas por escrito y articular informes y planes comprensibles es parte del perfil integral que deben desarrollar los futuros ingenieros. Estos autores subrayan que la formación en ingeniería debe incorporar de manera transversal estas competencias, asegurando que el egresado esté preparado no solo para resolver problemas técnicos, sino también para argumentar, documentar y comunicar responsablemente sus soluciones ante diversos públicos. En el contexto actual, además, esta competencia adquiere una dimensión global e intercultural, fundamental para enfrentar los desafíos del desarrollo sostenible. Como plantean Miralles García, Verri Liberado y Gielen (2025), la formación del ingeniero debe incluir experiencias que fortalezcan la comunicación en entornos multiculturales y colaborativos, alineando sus prácticas con los Objetivos de Desarrollo Sostenible (ODS) y promoviendo una ingeniería comprometida con la diversidad, la equidad y la sostenibilidad global.

Este capítulo tiene como objetivo analizar la competencia escrita en el ámbito de la Ingeniería Civil a partir de una experiencia de innovación educativa desarrollada entre 2022 y 2024 en la Universitat Politècnica de València. A través del estudio de distintas asignaturas del Grado en Ingeniería Civil, se evalúan las actitudes, prácticas y progresos del alumnado en relación con la comunicación escrita, con especial atención a la redacción académica y profesional de documentos técnicos. La finalidad es identificar fortalezas y áreas de mejora en la formación de los futuros ingenieros civiles, así como proponer estrategias pedagógicas que contribuyan a desarrollar una escritura más clara, precisa y ética, alineada con las exigencias de la práctica profesional y los Objetivos de Desarrollo Sostenible.

2. METODOLOGÍA

El análisis de la comunicación en el plano escrito se ha llevado a cabo entre 2022 y 2024, en los cursos 2022-2023 y 2023-2024, en el 4º curso del Grado en Ingeniería Civil de la Escuela Técnica Superior de Ingeniería de Caminos, Canales y Puertos (ETSICCP) de la Universitat Politècnica de València (UPV).

La comunicación del plano escrito se ha analizado y evaluado en una selección de cinco asignaturas: *Gestión de empresas* (12825), *Trabajo de fin de grado* (12892), *Estrategias para la comunicación académica y profesional* (12888), *Ingeniería civil para la sociedad* (13470) y *Aprovechamientos hidráulicos y energéticos* (13467). Todas las asignaturas tienen en común una redacción como mínimo como parte de su evaluación (Tabla 1).

Tabla 1. Asignaturas y productos evaluables en el plano escrito

Asignatura	Producto evaluable en el plano escrito
Gestión de empresas	Redacción de la planificación de la ejecución de una obra
Trabajo de fin de grado	Redacción del TFG
Estrategias para la comunicación académica y profesional	Redacción de un resumen sobre un artículo científico
Ingeniería civil para la sociedad	Elaboración de cuatro informes
Aprovechamientos hidráulicos y energéticos	Entrega de tres informes

Las tareas realizadas por parte del alumnado relacionadas con la competencia escrita como parte de la experiencia de innovación han sido las siguientes.
- Formativas:

   · Visualizar un vídeo formativo sobre escritura académica.
      » Realizar una lectura atenta de documentación informativa sobre la redacción y la defensa oral del TFG.
      » Asistir a jornadas de formación especializada sobre comunicación académica en el ámbito de la ingeniería civil.

   · Cuestionarios y checklist:
      » Responder un cuestionario inicial y final de actitudes y creencias sobre la comunicación, cuyos resultados se analizan en el apartado 3.
      » Responder un cuestionario sobre escritura académica a partir de un vídeo.
      » Cumplimentar la lista de verificación o *checklist* sobre aspectos de redacción antes de la entrega de trabajos escritos en las asignaturas participantes (véase apartado 4).

De todos los instrumentos metodológicos utilizados, este capítulo se centra en examinar dos de ellos: 1) una parte del cuestionario de creencias y actitudes hacia la comunicación, y 2) la *checklist*. A partir de los cuestionarios y *checklists* respondidos por el alumnado y la evaluación por parte del profesorado de las habilidades de escritura de los trabajos académicos entregados, se ha podido analizar y evaluar la comunicación en el plano escrito.

Las acciones relacionadas con las *checklists* y las tareas formativas (ver los vídeos, asistir a las jornadas de formación, etc.) han estado dirigidas a que los estudiantes mejoren la redacción de trabajos escritos. Para valorar si este objetivo se cumple, se ha diseñado y validado un criterio de evaluación de expresión escrita (Tabla 2). Los profesores hemos calificado del 1 al 5 el nivel de competencia escrita de los alumnos en los trabajos que han entregado en cada asignatura.

Finalmente, entre todas las asignaturas analizadas, se ha decidido dedicar una sección específica a la asignatura "Ingeniería civil para la sociedad" (véase apartado 5), por su enfoque singular en la reflexión crítica, la sostenibilidad y la responsabilidad social, así como por el papel central que en ella desempeña la comunicación escrita.

Tabla 2. Criterios de evaluación de la expresión escrita

Criterio para evaluar la expresión escrita de los trabajos entregados
El texto...
- desarrolla las ideas de manera coherente,
- está escrito en un lenguaje académico adecuado
- se muestra cohesionado con elementos de enlace,
- utiliza estructuras gramaticales correctas, un vocabulario preciso y respeta las normas ortográficas

3. ACTITUDES Y CREENCIAS SOBRE LA COMUNICACIÓN ESCRITA

Las actitudes y creencias sobre la comunicación escrita se han obtenido a partir del cuestionario general tratado con detalle en el apartado 4 de este libro. El cuestionario se ha pasado a los alumnos durante los cursos académicos de 2022/2023 y 2023/2024 a todos los estudiantes participantes en el proyecto de innovación, antes y después de su implementación. En total, la muestra ha incluido 105 respuestas.

El cuestionario incluye preguntas específicas en relación con la competencia escrita a través de 6 preguntas específicas de las 12 preguntas que se hicieron. Estas fueron:

- Pregunta 1. Cuando redacto trabajos y proyectos, tengo dificultades para expresarme por escrito porque me faltan recursos lingüísticos.

- Pregunta 3. Cuando escribo trabajos y proyectos, suelo consultar diccionarios de lengua española, diccionarios de sinónimos y otras fuentes de consulta lingüística.

- Pregunta 4. Creo que es importante que un trabajo o proyecto tenga un buen estilo de redacción y esté escrito con corrección gramatical y ortográfica.

- Pregunta 7. Me gustaría mejorar la manera de expresarme por escrito en contextos académicos y profesionales.

- Pregunta 9. Me gustaría tener unas orientaciones que me ayuden a redactar el TFG.

- Pregunta 11. Creo que las actividades de este proyecto me ayudarán a mejorar mi expresión escrita.

Se obtuvieron 77 respuestas al inicio de la actividad y 28 respuestas al final de la actividad (de las cuales 4 se descartaron al admitir el encuestado haber realizado menos del 75 % de las tareas propuestas). Las respuestas se corresponden con las dos anualidades tomadas conjuntamente y de manera transversal, es decir, no está vinculado a ninguna asignatura en concreto (a diferencia de las *checklists*). Analizando los resultados se puede plantear la Figura 1 con el valor medio obtenido donde: 1. Totalmente en desacuerdo; 2. En desacuerdo; 3. Término medio; 4. De acuerdo; 5. Totalmente de acuerdo.

Figura 1. Valoración media de las actitudes y creencias sobre la comunicación escrita antes y después de la innovación educativa

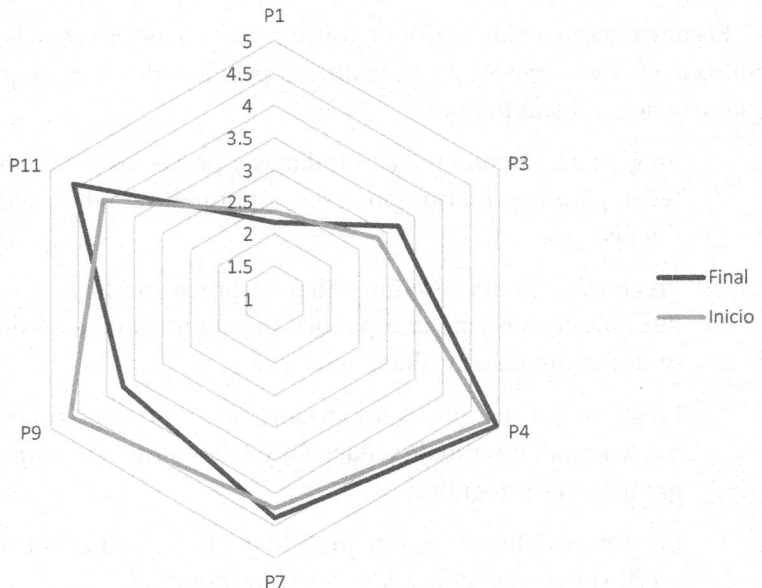

De las preguntas anteriores sobre las competencias escritas, las respuestas indican cierta mejora. La pregunta P1 muestra una ligera disminución en las dificultades para expresarse por escrito, lo que sugiere una mejora leve pero no significativa. Las preguntas P3, P4, P7 y P11 muestran mejoras percibidas después del PIME, indicando un impacto positivo en la consulta de recursos lingüísticos, la valoración del buen estilo de redacción, el deseo de mejorar la expresión escrita y la necesidad de orientaciones para el TFG.

Estos resultados trasmiten una ligera disminución en la percepción de dificultades para expresarse por escrito, lo que sugiere una sutil mejora en los recursos lingüísticos después del PIME; hay un aumento en la frecuencia de consulta de diccionarios y otras fuentes lingüísticas, indicando una mayor conciencia y uso de estos recursos después del PIME; la percepción de la importancia del buen estilo de redacción y corrección gramatical ha aumentado ligeramente, lo que sugiere una mayor valoración de estos aspectos después del PIME; hay un ligero aumento en el deseo de mejorar la expresión escrita, lo que indica una motivación continua para mejorar en este aspecto después del PIME; hay un aumento considerable en el deseo de recibir orientaciones para redactar el TFG, lo que sugiere una necesidad percibida de apoyo adicional en esta área.

Por el contrario, hay una disminución significativa en la percepción de mejora en la expresión escrita (pregunta P9), lo que podría indicar que las expectativas no se cumplieron completamente o que los estudiantes no perciben una mejora notable. Este resultado podría ser un área de preocupación y requiere una evaluación más detallada para entender las causas.

4. LISTA DE VERIFICACIÓN O *CHECKLIST*

La lista de verificación previa a la entrega de trabajos escritos ha consistido en un conjunto de 14 preguntas acerca del grado de preparación de la entrega (Tabla 3). La lista de verificación se ha pasado a los alumnos durante los cursos académicos de 2022/2023 y 2023/2024 en las asignaturas de *Gestión de empresas, Ingeniería civil para la Sociedad, Estrategias para la comunicación académica y profesional* y *Aprovechamientos hidráulicos y energéticos*. En total, la muestra ha incluido 167 respuestas. Las 14 preguntas se organizan y estructuran en diferentes categorías:

A. Revisión del Trabajo

    1. He releído el trabajo antes de entregarlo.

    2. He revisado la ortografía y la puntuación.

B. Uso de Herramientas de Corrección

    1. He consultado el diccionario durante la redacción del trabajo.

    2. He utilizado un corrector para revisar posibles errores de ortografía, puntuación y erratas.

C. Estilo y Lenguaje

    1. He revisado el estilo y he utilizado un lenguaje formal y académico.

    2. He comprobado que en mi trabajo he utilizado una variedad de marcadores discursivos para dotar al texto de cohesión.

    3. He comprobado que no repito continuamente las mismas palabras y utilizo sinónimos.

D. Formato y Consistencia

    1. He comprobado que el documento se ajusta a las indicaciones de formato que se me han proporcionado (extensión, apartados, títulos, márgenes, tipología, tamaño, espacios, etc.).

    2. He comprobado que sigo un formato consistente durante todo el trabajo (mismo interlineado, mismo tamaño de letra, etc.).

    3. He comprobado que el índice del trabajo se muestra en su versión más actualizada.

    4. He revisado que la portada del trabajo incluye toda la información que se me ha exigido.

E. Citas y Bibliografía

1. He revisado que todas las fuentes citadas en el cuerpo del trabajo están incluidas en la bibliografía y viceversa (todas las fuentes de la bibliografía aparecen citas en el cuerpo del trabajo).

2. He revisado que en mi trabajo utilizo diferentes formas de introducir las citas y que aplico de forma correcta el estilo bibliográfico.

3. He comprobado que el estilo aplicado en la bibliografía es consistente a lo largo de todo el apartado.

Tabla 3. Preguntas de la lista de verificación 2022-2023 y 2023-2024.

N.º	Texto de las preguntas de la lista de verificación
P1	He releído el trabajo antes de entregarlo.
P2	He revisado la ortografía y la puntuación.
P3	He consultado el diccionario durante la redacción del trabajo.
P4	He utilizado un corrector para revisar posibles errores de ortografía, puntuación y erratas.
P5	He revisado el estilo y he utilizado un lenguaje formal y académico.
P6	He comprobado que en mi trabajo he utilizado una variedad de marcadores discursivos para dotar al texto de cohesión.
P7	He comprobado que no repito continuamente las mismas palabras y utilizo sinónimos.
P8	He comprobado que el documento se ajusta a las indicaciones de formato que se me han proporcionado (extensión, apartados, títulos, márgenes, tipología, tamaño, espacios, etc.).
P9	He comprobado que sigo un formato consistente durante todo el trabajo (mismo interlineado, mismo tamaño de letra, etc.).
P10	He comprobado que el índice del trabajo se muestra en su versión más actualizada.

P11	He revisado que la portada del trabajo incluye toda la información que se me ha exigido.
P12	He revisado que todas las fuentes citadas en el cuerpo del trabajo están incluidas en la bibliografía y viceversa (todas las fuentes de la bibliografía aparecen citas en el cuerpo del trabajo).
P13	He revisado que en mi trabajo utilizo diferentes formas de introducir las citas y que aplico de forma correcta el estilo bibliográfico.
P14	He comprobado que el estilo aplicado en la bibliografía es consistente a lo largo de todo el apartado.

Los resultados sobre una muestra de 167 respuestas indican un diferente grado de cumplimiento de la lista de verificación por parte del alumnado, variando desde un cumplimiento mínimo del 43 % hasta un cumplimiento del 100 % en las primeras preguntas de la lista (Figura 2).

Figura 2. Resultados de la lista de verificación de la expresión escrita, 2022-23 y 2023-2024

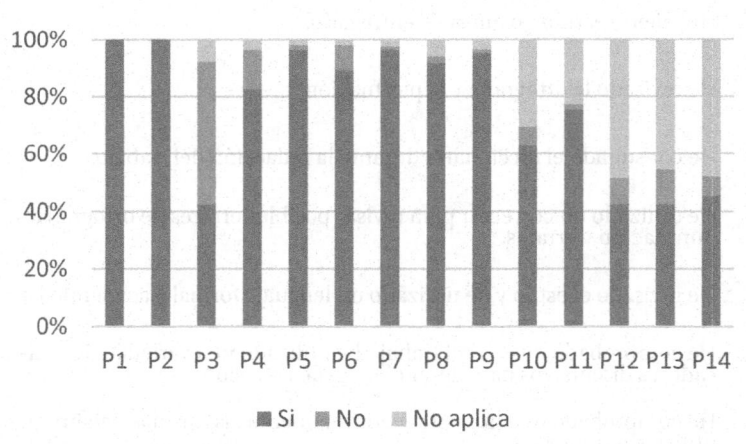

De manera general, la mayoría del alumnado sigue buenas prácticas en la revisión del trabajo, ortografía, estilo y formato. Las preguntas P1, P2, P5, P7, P8 y P9 muestran valores superiores a 90 % de respuestas afirmativas. Incluso, 100 % del alumnado afirma haber releído el trabajo antes de entregarlo (P1) y haber revisado la ortografía y la puntuación (P2).

Por otro lado, existen áreas de mejora como la necesidad de consultar el diccionario, el uso de un corrector para revisar posibles errores de fotografía, puntuación y erratas, y aplicar correctamente el estilo bibliográfico. En estas preguntas (P3, P4 P13), el alumnado proporciona un número significativo de respuestas "No" superior a 10 %. La mitad de los estudiantes no consultan el diccionario, lo que podría ser un área de mejora en términos de precisión y enriquecimiento del vocabulario. El 14 % no ha utilizado un corrector para revisar posibles errores de ortografía, puntuación y erratas. Y un 12 % del alumnado no aplica correctamente el estilo bibliográfico, lo que podría ser otra área de mejora.

También resulta llamativo el alto porcentaje de respuestas "No aplica" en el caso de las preguntas P10, P11, P12, P13 y P14. La respuesta "No aplica" en un cuestionario puede tener varias interpretaciones dependiendo del contexto y la naturaleza de las preguntas. En primer lugar, la irrelevancia, si la pregunta se refiere a un aspecto del trabajo que no se ha requerido o no se ha utilizado. Es el caso seguramente para la revisión de un índice o de la bibliografía, cuando algunos trabajos no lo hayan requerido en las instrucciones de la entrega. En segundo lugar, la inexperiencia cuando el alumnado puede no tener experiencia o conocimiento suficiente sobre el aspecto mencionado en la pregunta. Esto puede ser común en preguntas técnicas o específicas que requieren un nivel avanzado de conocimiento. En la pregunta 11, un 31 % de respuestas "No aplica" sugiere que muchos trabajos no requieren un índice, por lo que esta pregunta no es relevante para esos estudiantes. De la misma manera las preguntas P12 y P13 sobre Citas y Bibliografía, el alto porcentaje de "No aplica" puede indicar que algunos trabajos no requieren citas o bibliografía, o que los estudiantes no han utilizado fuentes externas en sus trabajos.

Estos porcentajes varían según las asignaturas como se puede ver en la figura 3. Se ha aplicado el test estadístico de chi-cuadrado de Pearson[1] a cada pregunta y se ha podido detectar qué preguntas presentan diferencias significativas entre asignaturas. Estas preguntas son nueve y pertenecen a las siguientes categorías:

- Revisión y corrección
  » He consultado el diccionario durante la redacción del trabajo.
  » He utilizado un corrector para revisar posibles errores de ortografía, puntuación y erratas.

- Formato y consistencia
  » He comprobado que el documento se ajusta a las indicaciones de formato que se me han proporcionado (extensión, apartados, títulos, márgenes, tipología, tamaño, espacios, etc.).
  » He comprobado que sigo un formato consistente durante todo el trabajo (mismo interlineado, mismo tamaño de letra, etc.).
  » He comprobado que el índice del trabajo se muestra en su versión más actualizada.
  » He revisado que la portada del trabajo incluye toda la información que se me ha exigido.

- Citas y bibliografía
  » He revisado que todas las fuentes citadas en el cuerpo del trabajo están incluidas en la bibliografía y viceversa (todas

---

1. La prueba chi-cuadrado de Pearson se utiliza para determinar si existe una diferencia estadísticamente significativa entre la frecuencia esperada y las frecuencias observadas en una o más categorías de una tabla de contingencia.

las fuentes de la bibliografía aparecen citas en el cuerpo del trabajo).

» He revisado que en mi trabajo utilizo diferentes formas de introducir las citas y que aplico de forma correcta el estilo bibliográfico.
» He comprobado que el estilo aplicado en la bibliografía es consistente a lo largo de todo el apartado.

Figura 3. Porcentaje de respuestas según preguntas (a. Aprovechamientos hidráulicos y energéticos; b. Estrategias para la comunicación académica y profesional; c. Gestión de empresas; d. Ingeniera civil para la sociedad)

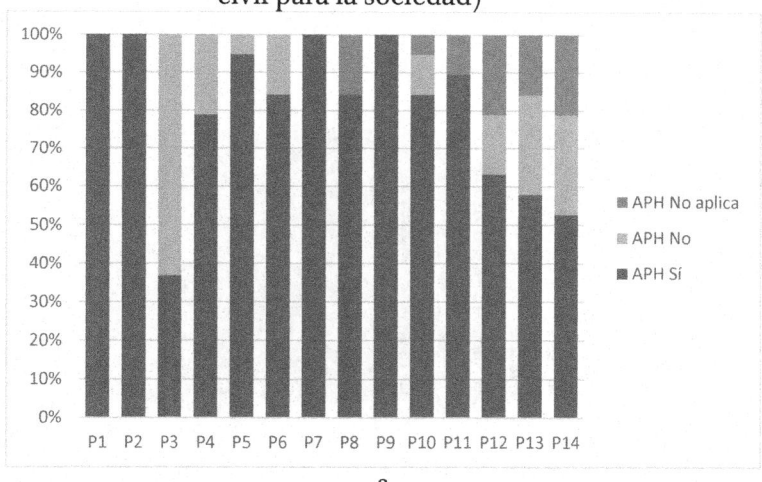

a

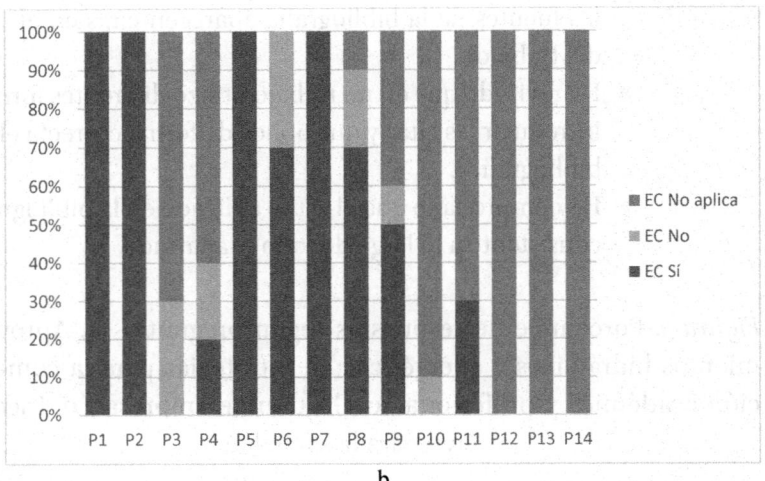

b

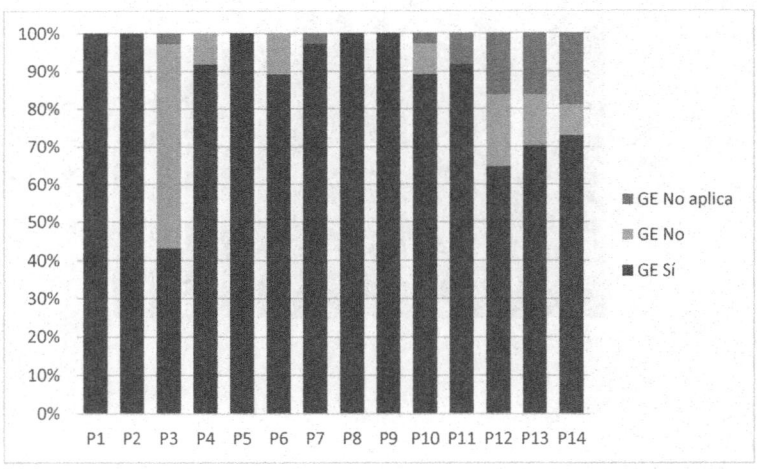

c

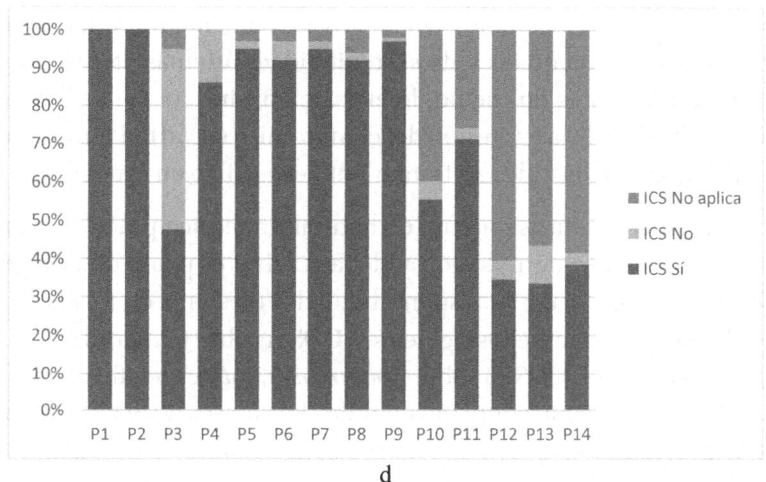

d

Para cada una de las preguntas anteriores, el alumnado proporcionó repuestas sensiblemente diferentes según las asignaturas, lo cual puede responder al perfil más o menos técnico de la asignatura y a las normas y tipo de entrega exigida.

Por el contrario, sí que hay 5 preguntas que dan respuestas similares entre asignaturas. El alumnado afirma que siempre procura releer el trabajo antes de entregarlo; revisar la ortografía, la puntuación y el estilo; utilizar un lenguaje formal y académico; comprobar que en su trabajo ha utilizado una variedad de marcadores discursivos para dotar al texto de cohesión; y no repetir continuamente las mismas palabras y utilizo sinónimos.

5. LA ASIGNATURA *INGENIERÍA CIVIL PARA LA SOCIEDAD*

La asignatura *Ingeniería civil para la sociedad* se analiza de manera particular en este capítulo debido a su carácter diferencial respecto al resto de asignaturas estudiadas. A diferencia de otras materias más técnicas, esta asignatura promueve explícitamente la reflexión crítica sobre el papel del ingeniero civil en la sociedad, incorporando dimensiones éticas, ambientales y de sostenibilidad. Además, la comunicación escrita no solo es un medio de evaluación, sino un eje articulador del aprendizaje y de la expresión del compromiso social del futuro profesional. Por ello, se justifica su tratamiento específico en este punto.

Se trata de una asignatura de naturaleza teórica-práctica, planteada como momento de reflexión y debate sobre el papel de la ingeniería civil en la sociedad y su responsabilidad profesional en relación con los ODS, principalmente los siguientes: ODS 11 sobre *Ciudades y Comunidades Sostenibles* y ODS 16 sobre *Gobernanza*, más específicamente con la meta "Garantizar la adopción en todos los niveles de decisiones inclusivas, participativas y representativas que respondan a las necesidades".

La profesión de la ingeniería civil tiene importantes efectos sobre la sociedad: los planes y proyectos tienen numerosos efectos directos e indirectos en el territorio y la sociedad. Hasta ahora en el plan de estudio estos aspectos apenas han sido tratados así que en esta asignatura optativa de 4º curso se plantea una reflexión sobre el papel y la responsabilidad profesional del futuro egresado en la sociedad. Se trata, mediante unas pocas clases, de explicar el proceso de configuración del territorio, siendo este reflejo de un determinado modelo de sociedad, los efectos directos e indirectos en la sociedad de los proyectos y planes que surgen de la actividad de la ingeniera civil y en qué medida la actividad de la ingeniera civil responde a las necesidades actuales de la sociedad.

Las clases se articulan alrededor de diferentes actividades (seminarios, prácticas de campo, práctica de aula) que conducen a debates y reflexiones (escritas u orales) que el alumnado debe realizar:

- Reflexión 1. Informe sobre un tema de ingeniería libre. Entrega escrita corta
- Reflexión 2. Informe sobre la visita de campo a San Marcelino. Entrega escrita corta

- Reflexión 3. Estudio de una infraestructura o actuación sobre temas de actualidad propuestos. Entrega escrita más extensa + presentación oral

- Reflexión 4. Estudio del municipio de Sagunto a través de la elaboración de un diagnóstico y debate sobre el estado del territorio y posibles actuaciones en el marco de los ODS y la Agenda Urbana Española. Entrega escrita más extensa + presentación oral

Cada una de estas actividades ofrece un momento de reflexión personal o compartido sobre el papel de la profesión de la ingeniería civil en la sociedad. Esa reflexión en opinión del alumnado, expresada a través de respuestas dadas al inicio de curso a las preguntas ¿por qué esta asignatura? y ¿qué esperáis de la asignatura?, es precisamente lo que se busca en esta asignatura. Algunas de las respuestas del alumnado apuntan aspectos muy interesantes y perfectamente conectados con los objetivos de la asignatura. Por ejemplo, se señaló "el hecho de mejorar la calidad de vida de las personas y no solo saber calcular puentes dentro de un despacho" y la importancia de "pasar de la componente técnica a la componente social", acciones que requieren comunicar y contactar con la sociedad. Seguramente, conscientes de ello, otros dos estudiantes plantearon como expectativas para la asignatura: "mejorar la expresión oral en público y la defensa de mis argumentos" y "poder aprender a mantener un dialogo.

Así, la comunicación, especialmente la escrita, juega un papel fundamental en la asignatura *Ingeniería civil para la sociedad,* diseñada para fomentar la reflexión y el debate sobre el papel de la Ingeniería Civil en la sociedad y su responsabilidad profesional en relación con los ODS. La comunicación escrita permite a los estudiantes expresar sus ideas de manera clara y estructurada, facilitando el intercambio de opiniones y el desarrollo de un pensamiento crítico. En tanto que la ingeniería civil tiene un impacto significativo en la sociedad, la comunicación escrita es esencial para documentar estos impactos, analizar los efectos directos e indirectos en el territorio y la sociedad, y asegurar que las decisiones tomadas sean inclusivas, participativas y representativas, como lo establece el ODS 16.

Las actividades de la asignatura culminan en reflexiones escritas y orales. Estas reflexiones escritas permiten a los estudiantes sintetizar la información, presentar sus análisis y propuestas de manera coherente, y prepararse para debates más profundos. Los informes escritos sobre temas de ingeniería, visitas de campo, estudios de infraestructuras y diagnósticos territoriales son herramientas clave para el aprendizaje. La entrega escrita más extensa y las presentaciones orales ayudan a los estudiantes a desarrollar habilidades de comunicación efectiva, esenciales para su futura carrera profesional.

La elaboración de diagnósticos y propuestas en el marco de los ODS y la Agenda Urbana Española requiere una comunicación precisa y detallada. La capacidad de redactar informes claros y bien fundamentados es crucial para garantizar que las soluciones propuestas respondan a las necesidades actuales de la sociedad y contribuyan a la sostenibilidad y gobernanza efectiva. La comunicación escrita no solo es una herramienta académica, sino también una habilidad profesional indispensable para los futuros ingenieros civiles. Les permite documentar, analizar y comunicar sus ideas y proyectos de manera efectiva, asegurando que su trabajo tenga un impacto positivo y sostenible en la sociedad.

6. EVALUACIÓN REALIZADA POR EL PROFESORADO

La aplicación de los criterios para evaluar la expresión escrita de los trabajos entregados en las respectivas asignaturas arrojó los resultados de la Figura 4. Las asignaturas *Estrategias para la comunicación* y *Gestión de empresas* del semestre A muestran mejoras, aunque sean leves, en las evaluaciones entre los dos cursos 2022-2023 y 2023-2024, lo que sugiere que el alumnado está aplicando las buenas prácticas de revisión y corrección aprendidas en el PIME. Por el contrario, las asignaturas *Ingeniería civil para la sociedad* y *Aprovechamientos hidráulicos y energé-*

ticos muestran valores similares o incluso una ligera disminución en la evaluación en el curso 2023-2024. Ambas son optativas del semestre B donde quizás el impacto del PIME ya no fue tan importante como en las del primer semestre. También, hay que comentar que el evaluador cambió de un curso a otro en el caso de la asignatura de *Ingeniería civil para la sociedad.*

Figura 4. Evaluación realizada por el profesorado

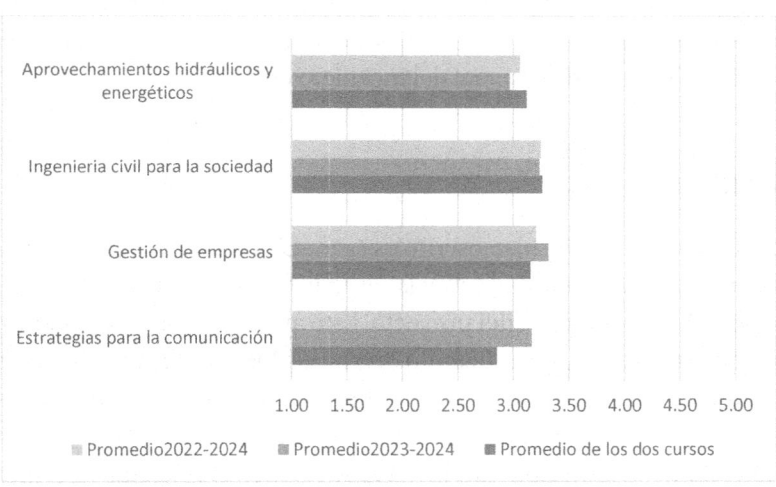

Estos resultados muestran que el profesorado percibe una mejora en la calidad de los trabajos escritos cuando las actividades formativas se integran de manera explícita en la asignatura, como sucede en *Estrategias para la comunicación* y *Gestión de empresas.* La ligera disminución en la evaluación en asignaturas como *Ingeniería civil para la sociedad* o *Aprovechamientos hidráulicos y energéticos,* como se ha indicado, podría deberse a factores como la menor intensidad de las acciones del PIME en el segundo semestre, la rotación del profesorado o la naturaleza más reflexiva y menos estructurada de los trabajos entregados.

Esta evaluación también pone de relieve la importancia de la formación continua del profesorado en criterios de evaluación de la competencia escrita, así como la necesidad de establecer rúbricas claras y compartidas que garanticen una valoración coherente entre asignaturas. Además, refuerza la idea de que, para lograr mejoras sostenidas en la escritura académica del alumnado, no basta con implementar acciones puntuales, sino que es necesario integrar de manera transversal y progresiva la enseñanza y práctica de la escritura a lo largo del plan de estudios. Incorporar tareas significativas, retroalimentación detallada y oportunidades de revisión puede potenciar aún más el desarrollo de la competencia escrita como parte del perfil profesional del ingeniero civil.

7. CONCLUSIONES

La comunicación del plan escrito es esencial para los ingenieros civiles, ya que asegura la claridad y precisión en la transmisión de especificaciones técnicas y objetivos del proyecto. Esto ayuda a evitar malentendidos y errores costosos, garantizando que todos los agentes involucrados comprendan sus responsabilidades y tareas. La comunicación escrita en la ingeniería civil no solo es una herramienta técnica, sino también un ejercicio de responsabilidad hacia la sociedad. Al redactar informes técnicos, propuestas de proyectos y planes, los ingenieros civiles aseguran que la información crucial sobre la seguridad y eficiencia de los proyectos se transmita de manera clara y precisa. La producción académica escrita contribuye al avance del conocimiento en el campo de la ingeniería civil. Publicar artículos en revistas especializadas y presentar trabajos en conferencias técnicas permite compartir descubrimientos y mejores prácticas con la comunidad profesional, mejorando la calidad de los proyectos y planes. La comunicación escrita en la ingeniería civil está profundamente ligada a la ética profesional. Los ingenieros civiles tienen el deber de actuar con integridad, honestidad y transparencia en todas sus actividades, explicando claramente los beneficios y limitaciones de las infraestructuras que diseñan y construyen. La responsabilidad del ingeniero civil incluye considerar el impacto ambiental y social de sus decisiones. Al integrar principios de sostenibilidad y resiliencia en el diseño de infraestructuras y planes, los ingenieros contribuyen a la creación de un entorno más seguro y sostenible para las generaciones presentes y futuras.

La mayoría de los estudiantes siguen buenas prácticas en la revisión del trabajo, ortografía, estilo y formato, pero existen áreas de mejora en la consulta del diccionario y la aplicación correcta del estilo bibliográfico. Las actividades formativas relacionadas con la competencia escrita han sido efectivas para mejorar las habilidades de redacción de los estudiantes. Los cuestionarios y *checklists* han permitido evaluar la comunicación en el plano escrito, mostrando mejoras en la consulta de recursos lingüísticos, valoración del buen estilo de redacción y deseo de mejorar la expresión escrita. La lista de verificación previa a la entrega de trabajos escritos ha mostrado que la mayoría de los estudiantes siguen buenas prácticas en la revisión del trabajo, ortografía, estilo y formato. Sin embargo, existen áreas de mejora como la consulta del diccionario, uso de correctores y aplicación correcta del estilo bibliográfico. Las evaluaciones realizadas por el profesorado indican mejoras en las asignaturas *Estrategias para la comunicación* y *Gestión de empresas*, mientras que las asignaturas *Ingeniería civil para la sociedad* y *Aprovechamientos hidráulicos y energéticos* muestran valores similares o una ligera disminución en las evaluaciones.

Después del PIME, se observa un aumento en la frecuencia de consulta de diccionarios y otras fuentes lingüísticas, indicando una mayor conciencia y uso de estos recursos. Esto es crucial para mejorar la precisión y el enriquecimiento del vocabulario en los trabajos escritos. La percepción de la importancia del buen estilo de redacción y corrección gramatical ha aumentado ligeramente, lo que sugiere una mayor valoración de estos aspectos después del PIME. Esto se refleja en las mejoras observadas en las asignaturas *Estrategias para la comunicación* y *Gestión de empresas*. Hay un ligero aumento en el deseo de mejorar la expresión escrita, lo que indica una motivación continua para mejorar en este aspecto después del PIME. Este deseo de mejora es fundamental para el desarrollo profesional de los estudiantes. Además, hay un aumento considerable en el deseo de recibir orientaciones para redactar el TFG, lo que sugiere una necesidad percibida de apoyo adicional en esta área. Proporcionar guías y recursos específicos puede ayudar a los estudiantes a mejorar la calidad de sus trabajos finales.

En resumen, el análisis muestra que las actividades formativas y las herramientas de evaluación han tenido un impacto positivo en la mejora de la competencia escrita de los estudiantes de Ingeniería Civil. Sin embargo, es necesario seguir trabajando en áreas específicas para asegurar una mejora continua y sostenida en la calidad de la comunicación escrita.

REFERENCIAS BIBLIOGRÁFICAS

Cassany, D. (2012). *Describir el escribir: cómo se aprende a escribir.* Barcelona: Paidós.

Flores Aguilar, M. D. (2014). La competencia comunicativa escrita de los estudiantes de ingeniería y la responsabilidad institucional. *Innovación educativa* (México, DF), 14(65), 43-60.

Gopen, G. D. y Swan, J. A. (1990). *The Science of Scientific Writing.* American Scientist. https://www.usenix.org/sites/default/files/gopen_and_swan_science_of_scientific_writing.pdf

Isis Cerato, A. y Gallino, M. (2013) Competencias genéricas en carreras de ingeniería. *Ciencia y Tecnología, 13*, 83-94 https://doi.org/10.18682/cyt.vii13.58

Juárez Lasso, B. y Bonaplata Bilbao, V. (2022). El español de la ingeniería civil. En *Guía para la clase de español con fines específicos: ciencias, ingeniería y arquitectura.* Vol. IV, coordinado por P. Valero Fernández, 127-150. Granada: Eris Ediciones.

Miralles García, J. L.; Verri Liberado, E.; Gielen, E. (2025). *Intercultural Learning Experiences for Sustainable Development from Engineering Schools. Intercultural Competence Through Virtual Exchange. Achieving the UN Sustainable Development Goals* (143 - 154). Springer Nature. 978-3-031-76417-2

Muñoz-Basols, J. y Pérez Sinusía, Y. (2021). *Técnicas de escritura en español y géneros textuales*. Londres/Nueva York: Routledge.

Santos García, D. V. (2012). *Comunicación oral y escrita*. Tlalnepantla: Red Tercer Milenio.

Scott, B., Scott, W. P. y Billing, B. (1998). *Communication for Professional Engineers*. Londres: Thomas Telford Publishing.

Sulcas, G. y English, J. (2010). A case for focus on professional communication skills at senior undergraduate level in Engineering and the Built Environment. *Southern African Linguistics and Applied Language Studies, 28*(3), 219-226.

Capítulo 5
Comunicación en el plano oral

Miguel Ángel Pérez Martín
Departamento de Ingeniería Hidráulica y Medio Ambiente
Universitat Politècnica de València

1. INTRODUCCIÓN

La comunicación en el plano oral es una pieza fundamental en la formación de los técnicos, ingenieros (Scott and Billing, 1998), directivos, líderes de equipos (Miralles-Coll, 2022) y en concreto de los técnicos en Ingeniería Civil. La competencia de comunicación oral puede definirse como la capacidad para expresarse mediante el lenguaje hablado y otros medios de comunicación que pueden acompañarlo, con el fin de participar de forma adecuada en situaciones cotidianas y formales de la vida social, académica y profesional (Briz, 2016).

La actividad personal y profesional actual requiere de una capacidad suficiente para expresar ideas, conceptos y pensamientos, de una forma eficaz y concreta. La comunicación se ha convertido en una de las grandes habilidades necesarias de la época actual (Owen, 2019; Santos García, 2012). Además, en un contexto en el que la inteligencia artificial puede suplantar de forma significativa las tareas y actividades desarrolladas de forma escrita por los alumnos, la comunicación en el plano oral gana protagonismo para realizar una evaluación objetiva de las capacidades técnicas de los alumnos. Múltiples elementos pueden utilizarse como apoyo en la comunicación oral como imágenes, ilustraciones (Busà, 2010) y la evaluación de la competencia oral puede realizarse de diferentes formas (Cañada and López Ferrero, 2019). La comunicación oral está contemplada en todos los estudios de grado como una competencia transversal en la Universitat Politècnica de València (Hermosilla et al., 2013), siendo también de gran interés en muchas universidades internacionales (Sulcas and English, 2010). Las destrezas lingüísticas (escuchar, hablar, leer y escribir) o las modalidades de uso son un concepto fundamental para articular la enseñanza de la lengua y para introducir conceptos fundamentales en la práctica educativa (Cassany et al., 2021).

La evaluación de la capacidad en la comunicación en el plano oral que se expone en este capítulo se ha realizado sobre una muestra de alumnos de cuarto curso de Ingeniería Civil, correspondiente al último curso de la titulación, por lo que se obtiene un indicador muy cercano a lo que será su capacidad en el plano oral una vez egresados. Posteriormente a este curso, los alumnos deben realizar la presentación oral de su trabajo final de grado donde deben demostrar sus capacidades técnicas frente a un tribunal y en exposición pública. Este acto también contribuirá significativamente a la mejora de la capacidad en el plano oral de los titulados en Ingeniería Civil.

2. METODOLOGÍA

La comunicación oral por parte de los alumnos consiste en la realización de presentaciones individuales sobre alguno de los aspectos técnicos desarrollados durante el curso. El tema es elegido por el alumno con el asesoramiento del profesor. La duración de la presentación que cuenta con el soporte de material audiovisual se recomienda en 15 minutos.

El análisis de la comunicación en el plano oral se ha realizado durante dos cursos académicos, 2022-2023 y 2023-2024, en alumnos de cuarto curso de Ingeniería Civil. El sistema de análisis y evaluación ha consistido en la respuesta por parte de los alumnos de una serie de cuestionarios previa a la aceptación del análisis estadístico de sus respuestas.

El sistema ha incluido, durante los dos años, la respuesta a una lista de verificación (*checklist*) sobre las presentaciones orales preparadas. La autoevaluación y coevaluación, por parte de otros alumnos, de las presentaciones realizadas durante el curso 2022-2023. Y finalmente, la autoevaluación previa y posterior a la presentación realizada por parte de los alumnos durante el curso 2023-2024. La lista de verificación y las preguntas de las autoevaluaciones y de la coevaluación han sido elaboradas y verificadas por un grupo de especialistas en comunicación académica del Departamento de Lingüística Aplicada de la Universitat Politècnica de València.

3. LISTA DE VERIFICACIÓN

La lista de verificación previa a la presentación oral ha consistido en un conjunto de 10 preguntas acerca del grado de preparación de la presentación. La lista de verificación se ha pasado a los alumnos durante los cursos académicos de 2022/2023 y 2023/2024 en las mismas asignaturas que engloban todo el PIME: *Gestión de empresas, Ingeniería civil para la Sociedad, Estrategias para la comunicación académica y profesional* y *Aprovechamientos hidráulicos y energéticos*. En total, la muestra ha incluido 118 respuestas.

La lista de verificación está formada con un conjunto de preguntas (Tabla 1) acerca de los contenidos, estructura e hilo argumental de la presentación y un segundo grupo de preguntas sobre la cantidad y tipología de ensayos realizados previamente a la presentación.

Tabla 1. Preguntas de la lista de verificación 2022-2023 y 2023-2024.

Nº	Texto de las preguntas de la lista de verificación
P1	He revisado la ortografía y la puntuación de mi presentación.
P2	He añadido la bibliografía pertinente en una diapositiva al final de la presentación.
P3	He comprobado que el contenido de mi presentación está organizado más o menos siguiendo los porcentajes recomendados: Apertura 10%; Desarrollo 80%; Cierre 10%.
P4	He comprobado que la exposición tiene un hilo conductor coherente.
P5	He preparado posibles preguntas (y sus respuestas) que pueden hacerme tras mi presentación.
P6	He guardado mi presentación en formato .PDF, para evitar posibles cambios inesperados a causa de la codificación y los diferentes sistemas operativos.

P7	He ensayado la presentación y he comprobado que el tiempo de la exposición se ajusta al exigido.
P8	He ensayado mi presentación oral y me he grabado para comprobar que no útilizo muletillas y que recurro a pausas.
P9	He ensayado mi presentación y he comprobado que utilizo el lenguaje no verbal de forma correcta: durante la exposición, miro indistintamente a todos los miembros del tribunal, adopto una postura corporal correcta e intento tener una expresión facial relajada.
P10	Me he grabado para ver posibles mejoras (movimientos corporales, gestos innecesarios, pausas prolongadas o necesidad de pausas, contacto visual, etc.).

Los resultados sobre una muestra de 118 participantes indican un diferente grado de cumplimiento de la lista de verificación por parte de los alumnos, variando desde un cumplimiento mínimo del 20% hasta casi un cumplimiento del 100% en algunos puntos de la lista (Figura 1).

Figura 1. Resultados de la lista de verificación de la expresión oral, 2022-23 y 2023-2024.

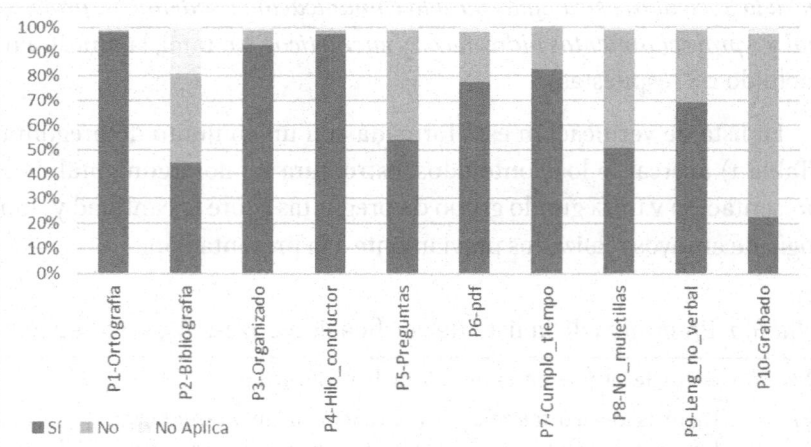

La revisión ortográfica de la presentación, el establecimiento de un hilo conductor de la misma y tener una presentación estructurada y organizada son los principales ítems atendidos de la lista de verificación, con valores positivos superiores al 90 % (Figura 2). A partir de aquí el grado de cumplimiento de la lista de verificación es descendente. El 80 % de las repuestas indican que han revisado si cumplen con el tiempo de la presentación y que han preparado la presentación en otros formatos (por ejemplo, pdf) para evitar problemas informáticos. Entre el 50 % y 70 % de las encuestas han considerado el lenguaje no verbal, el uso de muletillas o han preparado posibles preguntas. Menos del 50 % de los alumnos incluyen el detalle de las referencias bibliográficas utilizadas en la presentación porque, según indican, no han utilizado referencias. En último lugar se encuentra la grabación en video de la presentación para mejorar la expresión, donde escasamente el 20 % de los alumnos indica que lo ha realizado.

Figura 2. Resultados de la lista de verificación del a presentación oral ordenados por la cantidad de cumplimiento, 2022-23 y 2023-24.

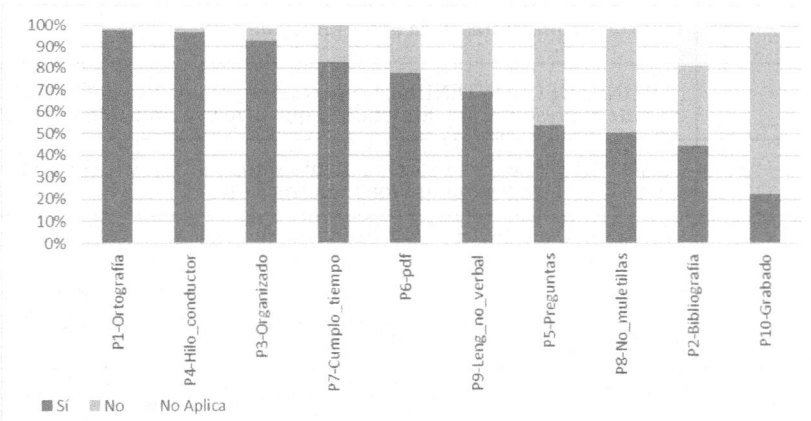

4. AUTOEVALUACIÓN Y COEVALUACIÓN EN EL CURSO 2022-2023

Durante el curso académico 2022-2023 se analizó la evaluación de las presentaciones de la asignatura *Aprovechamientos hidráulicos y energéticos* comparando la autoevaluación de los alumnos con la evaluación realizada por sus compañeros de clase (coevaluación). La población analizada consiste en 22 autoevaluaciones comparadas con 215 coevaluaciones, lo que da aproximadamente 10 coevaluaciones para cada autoevaluación. Ambas evaluaciones se contrastaron con la evaluación realizada finalmente por el profesorado.

La autoevaluación consistió en 6 preguntas (Tabla 2) acerca del dominio del contenido, el tono de voz, la corrección lingüística, el lenguaje corporal, el control de las emociones y la actitud. También se ha calculado una valoración media de la autoevaluación, denominada promedio, como la media de cada una de las valoraciones. En todos los casos, la puntuación varia de un mínimo de 1 a un máximo de 4.

Tabla 2. Preguntas de la autoevaluación, 2022-2023.

Pregunta	Texto de las preguntas de la autoevaluación
1	DOMINIO DEL CONTENIDO. Domino el contenido y lo demuestro durante la presentación. Entiendo lo que digo y lo transmito.
2	TONO DE VOZ. Modulo correctamente el tono de voz y la comunicación oral fluye con naturalidad y corrección.
3	CORRECCIÓN LINGÜÍSTICA. Utilizo un lenguaje correcto y adecuado para un discurso académico (p. ej.: estructuras gramaticales, conectores y vocabulario).
4	LENGUAJE CORPORAL. Utilizo un lenguaje corporal adecuado que complementa la exposición oral.
5	EMOCIONES. Me he sentido tranquilo, seguro y confiado durante la exposición.
6	ACTITUD. Me he sentido motivado e interesado durante la preparación y el desarrollo de la exposición.

La coevaluación ha consistido en responder a 5 preguntas (Tabla 3) relativas a la calidad del contenido de la presentación, la organización de la información presentada, la expresión oral, el lenguaje no verbal y el ajuste en el tiempo empleado en la presentación. En este caso, también se ha calculado una valoración media de la coevaluación, denominada promedio, como la media de cada una de las valoraciones. En todos los casos la puntuación varia de un mínimo de 1 a un máximo de 4.

Tabla 3. Preguntas de la coevaluación, 2022-2023.

Pregunta	Texto de las preguntas de la coevaluación
1	CONTENIDO
2	ORGANIZACIÓN DE LA INFORMACIÓN
3	EXPRESIÓN ORAL
4	LENGUAJE NO VERBAL
5	TIEMPO

Los resultados (Figura 3) muestran una mejor valoración en el contenido de la presentación (Dominio del contenido en la autoevaluación y Contenido en la Coevaluación), en su organización y en el tiempo empleado en su desarrollo. Todos estos aspectos son relativos al carácter técnico de la presentación. Por otra parte, tanto en la autoevaluación como en la coevaluación, los alumnos dan una peor valoración a la expresión oral y al lenguaje no verbal. La valoración técnica es aproximadamente medio punto superior a los aspectos más relativos a la comunicación y expresa la necesidad de reforzar y trabajar estas áreas en la formación de titulados en Ingeniería Civil.

Figura 3. Resultados de la autoevaluación y de la coevaluación por preguntas específicas, 2022-2023.

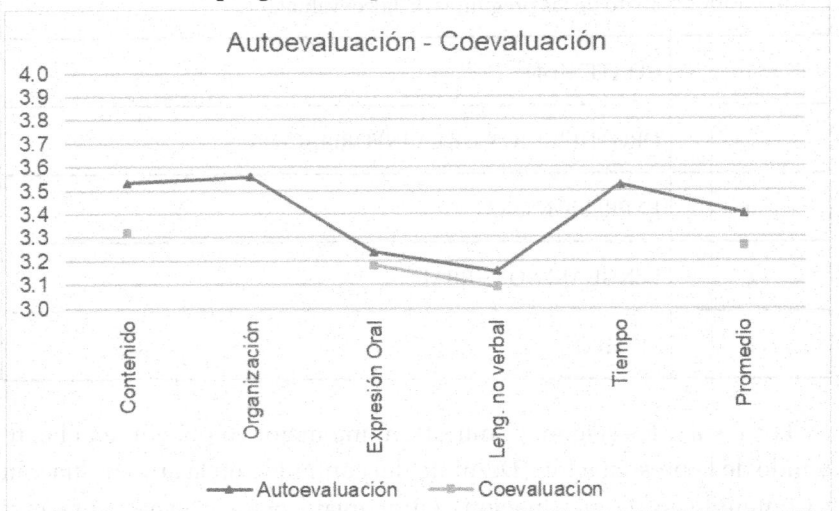

Globalmente (Figura 4), la coevaluación media, la valoración por los propios compañeros de clase, se asemeja más, en forma, a la valoración realizada por el profesorado que a la propia autoevaluación media realizada por los alumnos. El coeficiente de correlación entre la autoevaluación y la coevaluación es de 0.54, mientras que el coeficiente de correlación entre la coevaluación y la valoración del profesorado es de 0.75, muy superior al valor anterior. Por otra parte, la coevaluación, aunque presenta semejanza en la tendencia con la valoración del profesorado, tiene una menor dispersión que la evaluación realizada por el profesorado.

Figura 4. Comparación entre la autoevaluación, coevaluación y la valoración del profesorado, 2022-2023.

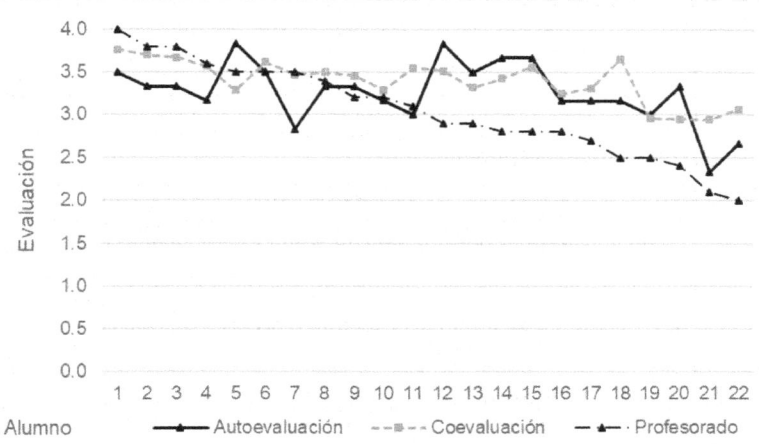

5. PRE-EVALUACIÓN Y POST-EVALUACIÓN EN EL CURSO 2023-2024

Durante el curso 2023-2024 en la asignatura *Aprovechamientos hidráulicos y energéticos* se realizó la evaluación previa y posterior de la presentación realizada por los alumnos durante el curso. Tanto la evaluación previa como la evaluación posterior consistió en la respuesta de 7 preguntas (Tabla 4) relativas al dominio del contenido de la presentación, el tono de voz, la corrección lingüística, el lenguaje corporal, el control de las emociones, la aptitud y la valoración global de la propia presentación. También se calculó numéricamente el promedio de la valoración de la presentación a partir de las valoraciones parciales, como el valor medio de las valoraciones de la pregunta 1 a la pregunta 6. En todos los casos la puntuación varia de un mínimo de 1 a un máximo de 4.

Tabla 4. Preguntas realizadas pre-evaluación y post-evaluación, 2023-2024.

Pregunta	Texto pregunta
1	DOMINIO DEL CONTENIDO. Domino el contenido y lo he demostrado durante la presentación.
2	TONO DE VOZ. He modulado correctamente el tono de voz y he logrado que la comunicación oral fluya con naturalidad y corrección.
3	CORRECCIÓN LINGÜÍSTICA. He utilizado un lenguaje correcto y adecuado para un discurso académico (p. ej.: estructuras gramaticales, conectores y vocabulario)
4	LENGUAJE CORPORAL. He utilizado un lenguaje corporal adecuado que complementa la exposición oral.
5	EMOCIONES. Me he sentido tranquilo, seguro y confiado durante la exposición.
6	ACTITUD. Me he sentido motivado e interesado durante la exposición oral.
7	VALORACIÓN GLOBAL de la exposición oral.

Basado en una muestra total de los 9 encuestados (Figura 5), las valoraciones relativas al contenido y a los aspectos técnicos de la presentación son superiores en medio punto (un 10 %) a las relativas al tono, el lenguaje, la expresión corporal y el control de las emociones, resultado similar al obtenido el año anterior en la autoevaluación y coevaluación. También se observa una cierta ligera mejoría en la valoración global tras la realización de la presentación, lo que indica la mejora en la propia seguridad adquirida por los alumnos tras la realización de las presentaciones.

Figura 5. Valoración de los alumnos previa y posterior a la presentación, 2023-2024.

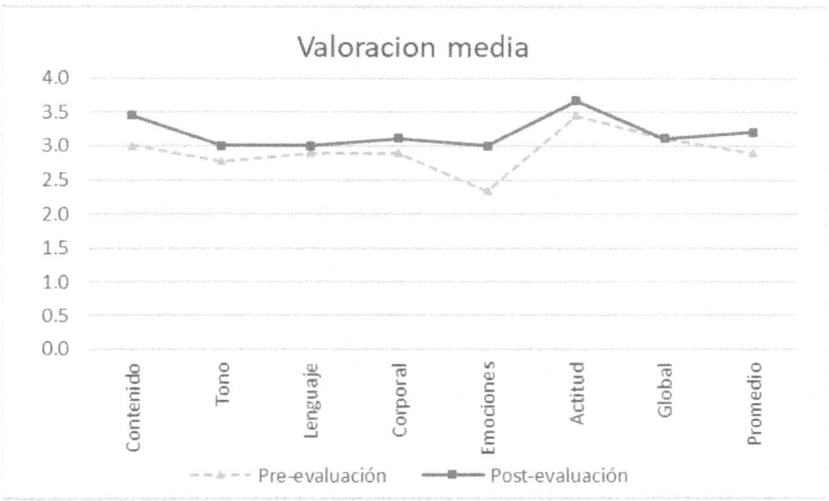

Analizando la dispersión en los resultados (Figura 6) también se observa menor dispersión en la valoración del contenido de la presentación y una mayor variabilidad relativa al tono de voz o al control de emociones, tanto antes como después de la presentación. Finalmente, se observa una mejoría significativa en la valoración sobre el control de la voz y una cierta mejoría en la valoración global realizada por el alumno tras la realización de la presentación.

Figura 6. Dispersión en la valoración previa y posterior a la presentación, 2023-2024.

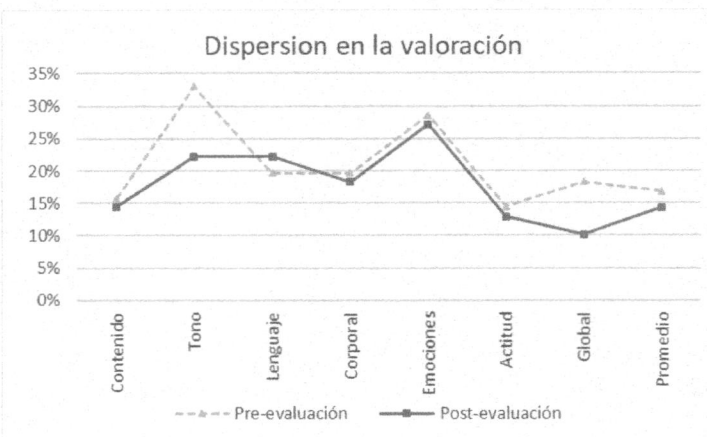

La comparación de la valoración global previa y posterior a la presentación con la valoración realizada por el profesorado muestra una baja correlación entra ambas, tal y como sucedía el año anterior.

Figura 7. Valoración de los alumnos previa la presentación y posterior a la presentación y comparación con la evaluación realizada por el profesorado, 2023-2024.

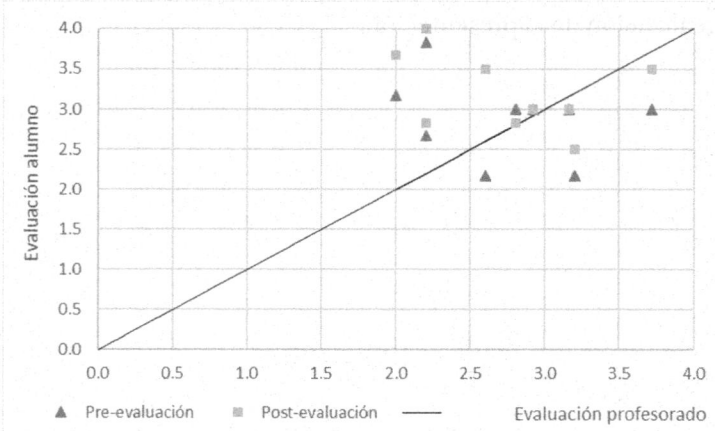

6. CONCLUSIONES

El análisis de las respuestas realizadas por los alumnos muestra la necesidad de mejorar la capacidad de comunicación en el plano oral de los alumnos de Ingeniería Civil. La mejora en la comunicación en el plano oral permite ayudarlos en la preparación de su trabajo final de grado y de su futura práctica en la vida profesional. El trabajo final de grado es el último acto para graduarse que realizan los alumnos de Ingeniería Civil, en el que deben exponer y defender de forma oral ante un tribunal y en exposición pública los desarrollos técnicos y conclusiones obtenidos durante su trabajo.

A partir de los resultados de las listas de verificación, la mayor parte de los alumnos se centra en revisar los contenidos, estructura, el hilo argumental y el cumplimiento del tiempo de la presentación. Aproximadamente la mitad analiza el lenguaje no verbal, el uso de muletillas en el lenguaje o se prepara posibles preguntas. Finalmente, un porcentaje muy escaso graba el ensayo de su presentación para analizar posibles mejoras a realizar.

Basándose en las respuestas analizadas, la coevaluación muestra mayor objetividad que la autoevaluación, de forma que se asemeja en mayor medida a la evaluación realizada por el profesorado. La evaluación realizada por los compañeros de clase se iguala más a la realizada por el profesorado que la propia autoevaluación realizada por los alumnos. Este resultado denota la subjetivad de la autoevaluación.

Los alumnos dan mejores valoraciones a los contenidos técnicos de las presentaciones que a la propia expresión oral, lo que indica una mayor inseguridad en estas áreas y la necesidad de mejorar la comunicación oral en los alumnos de Ingeniería Civil.

REFERENCIAS BIBLIOGRÁFICAS

Briz, E. (2016). *Concepto, relevancia y funciones de la competencia de comunicación Oral desde la perspectiva de la formación para la empleabilidad.* Universidad de Zaragoza.

Busà, M. G. (2010). Sounding natural: improving oral presentation skills. *Language Value 2*(1), 51-67.

Cañada, M. D. y López Ferrero, C. (2019). Oral discourse competence-in-performance. *Language & Dialogue 9*(2), 235-64.

Cassany, D., Vázquez-Calvo, B., Shafirova, L. y Zhang, L. T. (2021). El hablar desde la didáctica: las destrezas comunicativas. En *Manual de lingüística del hablar*, editado por Ó. Loureda y A. Schrott, 783–804. Berlín/Boston: Walter de Gruyter.

Hermosilla, Z., Clemente, M., Trinidad, Á. y Andrés, J. (2013). Competencia en comunicación oral: un reto para el ingeniero. New changes in technology and innovation. *International Conference on Innovation, Documentation and Teaching Technologies (INNODOCT'13)*, 189-196. Valencia: Universitat Politècnica de València.

Miralles Coll, F. (2022). *Descubre el arte de hablar en público.* Barcelona: Editorial Vanir.

Owen, H. (2019). *Handbook of communication skills.* Londres/Nueva York: Routledge.

Santos García, D. V. (2012). *Comunicación oral y escrita.* Tlalnepantla: Red Tercer Milenio.

Scott, B., Scott, W. P. and Billing, B. (1998). *Communication for Professional Engineers.* Londres: Thomas Telford Publishing.

Sulcas, G. and English, J. (2010). A case for focus on professional communication skills at senior undergraduate level in Engineering and the Built Environment. *Southern African Linguistics and Applied Language Studies 28*(3), 219-226.

Capítulo 6
Recomendaciones pedagógicas de la competencia comunicativa y transferencia al entorno colaborativo digital

Ana Albalat-Mascarell
Departamento de Lingüística Aplicada,
Universitat Politècnica de València

1. INTRODUCCIÓN

La comunicación efectiva, entendida como una competencia transversal clave, se ha consolidado en los últimos años como uno de los pilares de la formación universitaria de calidad (Paricio et al., 2019). Más allá del dominio de contenidos técnicos o disciplinares, el estudiantado debe ser capaz de expresar sus ideas de forma coherente y persuasiva, tanto en modalidad oral como escrita, en contextos académicos y profesionales. Esta realidad ha generado un creciente interés por parte de las universidades europeas y americanas en integrar metodologías orientadas al desarrollo de la competencia comunicativa en distintas áreas del currículo, con un enfoque cada vez más interdisciplinar, multimodal y transferible (Boigues Planes et al., 2019; Alvarado y Ezcurra, 2019; Araneda-Gutiérrez et al., 2022).

En esta línea se enmarca el proyecto de innovación educativa desarrollado en el Grado de Ingeniería Civil de la Universitat Politècnica de València cuya metodología y principales resultados se recogen en el presente volumen. A lo largo de sus distintos capítulos, el lector puede seguir el recorrido de una propuesta didáctica que arranca del siguiente punto de partida: pese a que el alumnado de titulaciones técnicas suele mostrar un alto nivel de competencia en contenidos específicos, manifiesta también una notable inseguridad a la hora de comunicar con eficacia sus ideas, argumentar sus decisiones o adaptar su discurso a diferentes contextos. Para revertir esta situación, el proyecto propone una intervención coordinada en varias asignaturas del último curso mediante tareas de escritura académica, presentaciones orales y autoevaluaciones, acompañadas de materiales formativos y herramientas de reflexión. Los resultados obtenidos confirman la hipótesis inicial del equipo docente: cuando se integran de forma explícita tareas comunicativas en el aula técnica, y se proporciona al alumnado un marco de evaluación formativa contextualizado, se produce una mejora significativa en la calidad de los productos discursivos y en la percepción que los propios estudiantes tienen de sus capacidades comunicativas. Estos avances no solamente se reflejan en los indicadores de desempeño, sino que también se plasman en una actitud más proactiva y crítica por parte de los alumnos hacia su propio aprendizaje.

Sin embargo, una de las aportaciones más relevantes del proyecto reside tanto en la mejora puntual de estas competencias como en el potencial transferible de la propuesta de innovación a otros contextos curriculares. Las herramientas didácticas utilizadas (como las listas de verificación, las rúbricas o las guías de redacción y exposición) y los principios metodológicos que las sustentan (aprendizaje activo, evaluación continua, acompañamiento docente) son aspectos fácilmente adaptables a otras áreas de conocimiento, sobre todo a aquellas en las que la competencia comunicativa constituye también un eje vertebrador, como es el caso de las asignaturas de lengua extranjera (Vargas et al., 2023).

Este potencial cobra aún más relevancia si se considera el contexto actual de transformación digital y expansión de los entornos virtuales de aprendizaje (EVA). En este sentido, estudios como el de Bravo Alvarado (2021) evidencian la necesidad de promover una comunicación efectiva no solamente en contextos presenciales, sino también en escenarios virtuales, donde las dificultades de interacción y las barreras tecnológicas pueden afectar negativamente al proceso formativo si no se cuenta con estrategias claras de mediación discursiva. La autora subraya que el éxito de un EVA depende, en gran medida, de la capacidad del docente para construir un entorno comunicativo accesible, recíproco y humanizado.

Desde esta perspectiva, el presente capítulo tiene un doble objetivo. En primer lugar, se pretende reflexionar sobre las implicaciones pedagógicas derivadas de la experiencia desarrollada en el ámbito de la ingeniería civil, sintetizando las conclusiones clave que se desprenden de los seis capítulos anteriores del volumen. En segundo lugar, se propone exponer una serie de líneas de actuación concretas para transferir esta innovación educativa a otros contextos, tomando como referencia el proyecto de innovación y mejora educativa (PIME) titulado "Creación de Entornos Virtuales de Aprendizaje (EVA) colaborativos con Instagram y TikTok para el fomento de la Comunicación Efectiva (CE)" con referencia PIME/24-25/437, liderado por la autora de este capítulo y actualmente en marcha en tres grados impartidos en la Escuela Técnica Superior de Ingeniería de Telecomunicación de la Universitat Politècnica de València: Ingeniería de Tecnologías y Servicios de Telecomunicación, Ingeniería Física y Tecnología Digital y Multimedia. A través de este ejercicio de reflexión y adaptación, se aspira a contribuir a un modelo de innovación transversal y sensible a las especificidades de cada disciplina.

2. IMPLICACIONES PEDAGÓGICAS DEL PROYECTO DESARROLLADO

La experiencia de innovación llevada a cabo en el Grado de Ingeniería Civil de la Universitat Politècnica de València aporta una serie de hallazgos pedagógicos de gran relevancia para el diseño de propuestas didácticas que busquen integrar la competencia comunicativa en distintos contextos. Este apartado sintetiza las principales aportaciones de los seis capítulos del volumen desde una perspectiva crítica, articulando los resultados en torno a ocho dimensiones clave: actitud del alumnado, conciencia comunicativa, redacción académica, oralidad, autoevaluación, evaluación docente, impacto formativo y potencial transferible.

a. Revalorización de la competencia comunicativa en la ingeniería

El primer capítulo del volumen, elaborado por Currás-Móstoles y Lozano-Palacio, ofrece una sólida fundamentación teórica sobre la necesidad de integrar la competencia comunicativa como eje vertebrador de la formación universitaria en ingenierías. Las autoras argumentan que esta competencia ha dejado de concebirse como una destreza "blanda", pasando a formar parte de los perfiles profesionales exigidos por organismos como ABET (*Accreditation Board for Engineering and Technology*) o ASCE (*American Society of Civil Engineering*), los cuales la incluyen de forma explícita en sus estándares de acreditación.

Este cambio de paradigma implica reconocer que comunicar con eficacia es tan importante como resolver problemas técnicos o manejar herramientas digitales (Passow y Passow, 2017; Sumaiya et al., 2022). Las autoras señalan que, desde una perspectiva sociolingüística, la competencia comunicativa no puede abordarse como una habilidad neutra o meramente instrumental, sino que debe contemplarse como una práctica situada, multimodal y con implicaciones éticas y sociales. En este sentido, se destaca la importancia de enfoques basados en géneros discursivos, comunidades discursivas y alfabetización académica, que permiten al estudiantado universitario aprender a comunicarse e interactuar como ingenieros (Whyte, 2019).

La propuesta del proyecto se alinea así con una concepción de la comunicación como práctica profesional legítima, situada en escenarios reales de actuación (Janenoppakarn y Rajprasit, 2025). A través de tareas integradas en asignaturas disciplinares, los estudiantes adquieren no solamente recursos lingüísticos, sino también estrategias discursivas propias del ámbito técnico. Esta perspectiva es fundamental para contrarrestar una tendencia que aún sigue vigente en muchos grados técnicos, en los que la adquisición de la competencia comunicativa tiende a quedar relegada a asignaturas optativas o extracurriculares (Paz, 2018).

b. Metodologías activas como marco de intervención

El segundo capítulo, a cargo de García Segura, detalla el enfoque metodológico del proyecto. Este enfoque se basa en los principios del aprendizaje activo, la evaluación formativa y la contextualización de tareas (Zumba et al., 2021). Uno de los principales aciertos de esta propuesta es que no se limita a introducir contenidos sobre comunicación en abstracto, sino que parte de situaciones comunicativas propias del entorno profesional de la ingeniería civil: redacción de informes técnicos, elaboración del TFG, presentaciones orales de proyectos, etc.

Esta aproximación conecta con los planteamientos del aprendizaje basado en tareas, que propone desarrollar las competencias lingüísticas a partir de necesidades comunicativas reales (Labrador y Andreu, 2008; Silva y Maturana, 2017). Las actividades diseñadas no son homogéneas, sino que se adaptan al perfil y objetivos de cada asignatura, lo que hace posible una mayor implicación del alumnado y una integración natural en el plan docente.

García Segura subraya también la relevancia del acompañamiento docente y de la reflexión metacognitiva como motores del aprendizaje. Este enfoque, alineado con los principios del *assessment for learning* (William, 2011), ha resultado especialmente eficaz para implicar al estudiantado en la mejora continua de su competencia comunicativa, favoreciendo el tránsito desde una evaluación correctiva hacia una evaluación formativa y participativa.

c. Actitudes y autopercepción del alumnado: entre la inseguridad y el compromiso

Uno de los ejes fundamentales del proyecto ha sido la recogida y análisis de las actitudes, creencias y percepciones del alumnado sobre su competencia comunicativa. En el capítulo 3, Arroyo y Lo Iacono ofrecen una mirada empírica a partir de cuestionarios aplicados antes y después de la intervención didáctica. Los resultados revelan una actitud claramente positiva hacia la mejora de las habilidades comunicativas, tanto orales como escritas, junto con una autoconciencia crítica de las propias limitaciones.

En términos generales, el alumnado muestra una elevada motivación para mejorar, especialmente en lo que se refiere a la expresión escrita y la preparación de presentaciones orales. No obstante, persisten sentimientos de inseguridad comunicativa, sobre todo en contextos formales o evaluativos, como la defensa del TFG. Esta tensión entre voluntad de mejora y percepción de vulnerabilidad coincide con estudios previos sobre autoeficacia comunicativa en entornos técnicos (Bandura, 1997; Flowerdew y Miller, 2005).

Uno de los aspectos más valorados por los estudiantes fue la disponibilidad de materiales guía, como vídeos, rúbricas y orientaciones para la redacción del TFG. Asimismo, las autoras destacan que las tareas de autoevaluación y reflexión permiten al alumnado identificar sus fortalezas y debilidades de forma más realista, fomentando una mayor implicación en su propio proceso formativo.

Desde una óptica pedagógica, el análisis parece sugerir que para generar cambios sostenibles en la competencia comunicativa no basta solo con ofrecer formación técnica, sino que es preciso incidir también en las creencias del alumnado y en su percepción de autoeficacia.

d. Escritura académica: progresos desiguales, retos persistentes

El capítulo 4, a cargo de Gielen, se centra en la dimensión escrita de la competencia comunicativa, a partir del análisis de tareas redactadas en cinco asignaturas del último curso del Grado. El enfoque se sustenta en la idea de que la escritura técnica no debe concebirse únicamente como un producto, sino como un proceso formativo que permite estructurar el pensamiento, justificar decisiones y comunicar con claridad en entornos multiculturales y colaborativos (Miralles García et al., 2025).

Los resultados muestran avances significativos en aspectos como la claridad estructural y la revisión lingüística. Sin embargo, dimensiones como el uso adecuado de bibliografía, el dominio del estilo académico y la correcta aplicación de formatos de citación obtienen puntuaciones más bajas. Esto refleja una tendencia común en entornos universitarios: los estudiantes tienden a estar más familiarizados con la organización del contenido que con las convenciones propias de la escritura académica (Hyland, 2009).

En el caso concreto de la asignatura "Ingeniería civil para la sociedad", la escritura se emplea como vehículo para fomentar la reflexión crítica sobre temas de sostenibilidad, responsabilidad profesional y justicia social. Esta dimensión ética de la escritura resulta particularmente relevante en un contexto en el que los ingenieros están llamados a participar activamente en los Objetivos de Desarrollo Sostenible (ODS), como señalan autores como Leal Filho et al. (2016).

Desde una perspectiva pedagógica, los resultados apuntan a la necesidad de introducir tareas de escritura desde fases tempranas del grado, con procesos iterativos de revisión, acompañamiento docente y evaluación formativa. También se destaca la utilidad de proporcionar modelos, rúbricas y espacios de coevaluación, especialmente en tareas complejas como la redacción del TFG.

e. Expresión oral: entre el tecnicismo y la performatividad

La expresión oral constituye, quizá, el ámbito más desafiante en la formación comunicativa del estudiantado técnico. En el capítulo 5, Pérez Martín presenta un análisis detallado de las presentaciones orales realizadas por estudiantes en distintas asignaturas, evaluadas a través de listas de verificación, autoevaluaciones, coevaluaciones y rúbricas docentes. El objetivo era valorar no solo la calidad del contenido, sino también aspectos como la fluidez, el uso del lenguaje no verbal, la entonación y la adaptación al público.

Uno de los hallazgos más relevantes es la disparidad entre la autoevaluación y la evaluación docente: mientras que el alumnado tiende a valorar positivamente su capacidad técnica y actitud, el profesorado detecta carencias importantes en la estructura del discurso, la gestión del tiempo y la expresividad oral. Por el contrario, las coevaluaciones realizadas entre compañeros de clase se aproximan más a la percepción del profesorado, lo que confirma su utilidad como herramienta de aprendizaje reflexivo y realista.

Pérez Martín subraya también que muchas presentaciones orales se centran exclusivamente en el contenido técnico, sin tener en cuenta el marco comunicativo o el impacto retórico del discurso. Esta tendencia limita la eficacia del mensaje y evidencia la necesidad de trabajar la oralidad no como una actividad aislada, sino como una competencia transversal y estratégica, en línea con lo que revelan investigaciones como la de Grieve et al. (2021).

En términos pedagógicos, se recomienda introducir actividades de ensayo oral grabado, sesiones de *feedback* individualizado, ejercicios de improvisación y estrategias de desdramatización. Además, el diseño de situaciones reales de exposición (defensas simuladas, presentaciones públicas, ferias de proyectos) puede favorecer una aproximación más auténtica a la comunicación oral profesional.

f. Evaluación formativa, impacto pedagógico y potencial de transferencia

Uno de los principales logros del proyecto desarrollado en el Grado de Ingeniería Civil reside en la consolidación de un enfoque de evaluación formativa y participativa, que ha favorecido no solo la mejora del desempeño comunicativo del alumnado, sino también una transformación más profunda en sus actitudes, su implicación y su autonomía en el proceso de aprendizaje. Esta dimensión transversal articula las reflexiones finales de los capítulos del volumen y permite proyectar el modelo más allá del ámbito específico de la ingeniería.

En primer lugar, todos los capítulos coinciden en señalar el valor pedagógico de las herramientas de autoevaluación, coevaluación y rúbricas compartidas, que se han mostrado especialmente eficaces para fomentar la autorregulación y la conciencia metacognitiva del alumnado. Tal como destaca García Segura en el segundo capítulo, estas estrategias permiten que el estudiante comprenda los criterios de calidad desde el inicio, identifique sus fortalezas y debilidades, y participe activamente en la mejora de sus propias producciones comunicativas.

Asimismo, el análisis de los resultados confirma que los mayores avances no se producen únicamente por el entrenamiento técnico, sino por el acompañamiento docente, la retroalimentación cualitativa y la creación de un clima formativo positivo. De acuerdo con los datos recogidos en los capítulos 3, 4 y 5, el estudiantado valora especialmente las sesiones prácticas, los vídeos orientativos, las listas de verificación y las guías de redacción, que actúan como andamiajes efectivos para reforzar su autonomía comunicativa. Este impacto se traduce también en un aumento de la autoeficacia percibida y en un mayor sentido de pertenencia al entorno académico y profesional.

Otro de los elementos clave del impacto del proyecto es su valor de transferencia. A pesar de que la innovación se ha desarrollado en el contexto específico de la ingeniería civil, la metodología y las herramientas diseñadas son fácilmente adaptables a otras titulaciones universitarias. El empleo de tareas contextualizadas, listas de verificación, rúbricas, grabaciones orales y ejercicios de reflexión crítica responde a necesidades formativas comunes en disciplinas tan diversas como las lenguas extranjeras, la lingüística aplicada o la formación en competencias digitales.

Así, las evidencias recogidas apuntan a que el modelo puede ser extrapolado con éxito a otros contextos curriculares, especialmente si se adapta a las particularidades del perfil estudiantil, del idioma de trabajo y del medio comunicativo dominante (Brooks y O'Shea, 2021). Esta transferencia se aborda de forma específica en el apartado siguiente, en el que se analiza cómo las herramientas desarrolladas en la innovación expuesta en los capítulos anteriores pueden incorporarse al proyecto centrado en la creación de entornos de aprendizaje colaborativos con Instagram y TikTok para fomentar las habilidades comunicativas en el marco de asignaturas de inglés técnico aplicado al área de las telecomunicaciones, la ingeniería física o las tecnologías multimedia.

3. LÍNEAS DE ACTUACIÓN PARA LA TRANSFERENCIA: DEL AULA TÉCNICA AL ENTORNO DIGITAL COLABORATIVO

La aplicación del proyecto de innovación en ingeniería civil ha revelado que es posible integrar la competencia comunicativa en entornos técnicos mediante un enfoque activo, situado y evaluativo. Esta experiencia ofrece una base sólida para la transferencia a otros contextos, como demuestra su posible adaptación al entorno digital colaborativo en el marco del PIME "Creación de Entornos Virtuales de Aprendizaje (EVA) colaborativos con Instagram y TikTok para el fomento de la Comunicación Efectiva (CE)" con referencia PIME/24-25/437. Este proyecto se ha aplicado en la asignatura *Professional English* (*nivel B2*) en tres grados de la ETSIT de la Universitat Politècnica de València durante el curso 2024-2025. El presente apartado examina dichas posibilidades de transferencia en tres dimensiones clave: metodológica, tecnológica y competencial.

a. *Transferencia metodológica: del aula presencial al diseño de tareas multimodales*

Uno de los aspectos más transferibles del proyecto original, presentado en este volumen, es su enfoque metodológico, basado en tareas comunicativas auténticas, materiales de apoyo guiado y evaluación formativa. En el caso de *Professional English* (*nivel B2*), esta lógica se traduce en el diseño de debates asincrónicos colaborativos en Instagram, y en la producción de vídeos argumentativos breves en TikTok, que el estudiantado realiza sobre la base de temas técnicos o sociales alineados con los contenidos de la asignatura.

Al igual que en el proyecto implementado en el Grado en Ingeniería Civil, estas tareas se desarrollan mediante una secuencia didáctica estructurada: exploración temática, planificación del discurso, producción individual o colaborativa, y retroalimentación formativa. Los materiales de apoyo (rúbricas, *checklists,* vídeos modelo y plantillas de guion) permiten una aproximación guiada, adaptable al nivel lingüístico del alumnado (B2 del MCER) y a su experiencia previa con la comunicación oral y escrita en lengua extranjera.

La evaluación en los dos proyectos se integra en el proceso por medio de rúbricas compartidas y ejercicios de autoevaluación y coevaluación, que fomentan la autorregulación y la toma de conciencia sobre los distintos recursos discursivos y multimodales empleados. Esta continuidad metodológica entre ambos proyectos podría garantizar la coherencia pedagógica si aspirásemos a plantear actividades de transferencia entre ambas innovaciones educativas.

b. *Transferencia tecnológica: redes sociales como práctica comunicativa*

La dimensión tecnológica de la innovación basada en redes sociales supone un salto cualitativo respecto al proyecto inicial. Mientras que las presentaciones y redacciones del aula técnica se enmarcan en un entorno presencial tradicional, el uso de plataformas como Instagram y TikTok introduce una nueva lógica comunicativa marcada por la brevedad, la multimodalidad y la dimensión asincrónica del mensaje. Este enfoque responde tanto a las preferencias comunicativas del estudiantado como a la necesidad de incorporar entornos digitales de aprendizaje (EVA) en la formación universitaria actual.

La elección de estas plataformas no es casual: ambas permiten trabajar la argumentación escrita, la cohesión textual y la construcción de hilos discursivos por medio de publicaciones, *captions* y respuestas, así como la expresión oral, el lenguaje corporal y la creatividad en el uso de recursos audiovisuales. Por otra parte, estos espacios permiten también un mayor grado de accesibilidad y flexibilidad, ya que el alumnado puede interactuar desde sus dispositivos personales, en momentos adaptados a sus necesidades y con la posibilidad de revisar y mejorar sus intervenciones antes de compartirlas. Esta dinámica contribuye a disminuir la ansiedad comunicativa, especialmente en lengua extranjera, y refuerza la confianza del estudiante en su capacidad expresiva.

Por último, estas plataformas facilitan la evaluación por pares en tiempo real, mediante comentarios constructivos que contribuyen al aprendizaje colaborativo. Esta posibilidad, ausente en el entorno presencial tradicional, se convierte aquí en un valor pedagógico añadido en lo que respecta al PIME de EVA colaborativos en *Professional English* (*nivel B2*).

c. *Transferencia competencial: hacia una comunicación efectiva multimodal y situada*

Si nos planteásemos transferir las líneas de actuación del proyecto original al de entornos colaborativos digitales, habría que considerar que la competencia comunicativa que se trabaja en este último no es una reproducción directa de la que se activa en los grados de ingeniería civil, sino más bien una adaptación que pone el foco en la dimensión multimodal y crítica de la comunicación efectiva. El objetivo no se limita meramente a que el estudiantado sepa comunicarse adecuadamente, sino que este debe ser capaz de:

- Construir discursos orales y escritos adecuados al canal, al público y a la intención comunicativa.

- Integrar de forma efectiva elementos verbales, visuales y paraverbales en su mensaje.

- Evaluar con criterio los discursos ajenos y generar comentarios útiles y respetuosos.

- Aplicar estrategias retóricas y argumentativas adaptadas a distintos géneros y formatos.

- Desarrollar una identidad discursiva profesional en lengua extranjera.

Este enfoque responde a los nuevos retos de la educación superior, en los que ya no se concibe la comunicación como una destreza aislada, sino como una competencia transversal que articula la colaboración y la participación en entornos reales y multimodales (Hyland, 2009; Bravo Alvarado, 2021).

En definitiva, el trabajo realizado en *Professional English* (*nivel B2*) permite proyectar una versión actualizada y transferida de los logros de la propuesta original: unas destrezas comunicativas adaptadas a contextos digitales, multilingües, interactivos y socialmente relevantes.

En la Tabla 1 presentamos un resumen de las líneas de actuación para la transferencia del modelo comunicativo original al proyecto basado en EVA colaborativos con redes sociales.

Tabla 1. Líneas de actuación para la transferencia del modelo comunicativo al PIME de redes sociales.

Dimensión de transferencia	Síntesis de actuación
Metodológica	· Adaptación del enfoque por tareas a entornos digitales: debates en Instagram y vídeos argumentativos en TikTok · Uso de rúbricas, plantillas y modelos · Evaluación formativa integrada
Tecnológica	· Uso de redes sociales como entorno de aprendizaje asincrónico, accesible y multimodal
Competencial	· Construcción de discursos adecuados al canal y al público · Uso de recursos visuales y paraverbales · Evaluación entre iguales · Identidad profesional

4. PROPUESTA DE ADAPTACIÓN A OTROS CONTEXTOS CURRICULARES

Las posibilidades de transferencia del proyecto original a la asignatura *Professional English* (*nivel B2*) apuntan a su potencial de adaptación a otros contextos universitarios diferentes que compartan algunas condiciones de partida: presencia de tareas comunicativas orales y escritas, necesidad de integrar competencias transversales, disposición a utilizar entornos digitales y un enfoque docente centrado en el aprendizaje activo y colaborativo.

A continuación, se proponen cuatro vías de adaptación que podrían aplicarse, con las debidas contextualizaciones, en asignaturas de otros grados, especialmente en ámbitos técnicos o humanísticos:

a. Adaptación temática y disciplinar

Cada titulación o área de conocimiento cuenta con sus propios objetos de estudio, formas de comunicación y convenciones discursivas. Por ello, una primera línea de adaptación consiste en diseñar tareas comunicativas alineadas con los registros y géneros propios de la disciplina. Esto conlleva que, en lugar de aplicar un modelo único de actividad (como el debate o la presentación oral), se debe identificar primero qué prácticas comunicativas son fundamentales en el área y reproducirlas en formatos didácticos adaptados.

Seguidamente se exponen algunos ejemplos de adaptación temática y disciplinar a distintas especialidades:

- En grados de ingeniería industrial, podrían plantearse simulaciones de presentaciones ante clientes, informes de progreso de proyectos o vídeos de divulgación técnica.

- En estudios de ciencias sociales, pueden diseñarse tareas de comentario crítico de fenómenos de actualidad o exposiciones argumentativas sobre políticas públicas.

- En humanidades, se puede ensayar la reseña académica en formatos de *microblogging* (ej. hilos en *Threads* o *captions* en Instagram).

b. Adaptación lingüística y cultural

El modelo es aplicable tanto a asignaturas en lengua materna como en lengua extranjera, pero requiere ajustes específicos según el nivel lingüístico del alumnado, la cultura académica de la titulación y la lengua de trabajo.

En el caso de estudiantes con niveles inferiores al B2, se recomienda:

- Diseñar tareas más guiadas, con estructuras discursivas predecibles.

- Incluir apoyos léxicos y gramaticales, plantillas de redacción o bancos de expresiones.

- Favorecer el trabajo en parejas o grupos para reducir la presión individual y promover la cooperación lingüística.

Desde una perspectiva intercultural, también es importante promover una visión inclusiva de la comunicación efectiva, que valore las distintas variedades lingüísticas, acentos y estrategias comunicativas. Asimismo, en algunos contextos académicos o culturales, la exposición oral puede estar asociada a ansiedad o reticencias. En estos casos, conviene plantear un enfoque gradual, que comience con grabaciones privadas o ensayos escritos antes de pasar a producciones públicas o colaborativas.

c. Adaptación tecnológica y de recursos

La innovación educativa propuesta en *Professional English* (*nivel B2*) ha sacado provecho de plataformas como Instagram y TikTok, pero no todos los contextos disponen de las mismas condiciones tecnológicas ni del mismo grado de familiaridad digital del profesorado o de los estudiantes. Por esta razón, es necesario prever alternativas y adaptar el modelo al ecosistema tecnológico disponible:

- Si el uso de redes sociales no es viable, pueden utilizarse entornos institucionales como *Microsoft Teams* o *Google Classroom* para desarrollar tareas similares (vídeos, foros, hilos argumentativos).

- En contextos con acceso limitado a tecnología, puede optarse por tareas orales presenciales grabadas o por la utilización de soportes más sencillos como *PowerPoint* con narración de voz.

En todos los casos, es importante proporcionar una formación inicial básica sobre la herramienta digital que se pretende utilizar, así como acompañar al alumnado en la gestión ética de su identidad digital y el uso responsable de contenidos en línea.

d. Adaptación organizativa y temporal

Una última clave para la transferencia del modelo es su viabilidad organizativa. La integración de tareas comunicativas no debe suponer una carga adicional para el alumnado o el profesorado. Por el contrario, debe representar una oportunidad de enriquecer los objetivos de aprendizaje de forma transversal. Para ello, es recomendable comenzar con proyectos piloto, integrados de forma clara en la programación de la asignatura, con una duración limitada (por ejemplo, 3-4 semanas).

Algunas estrategias útiles en este sentido son:

Introducir las tareas como parte de un bloque transversal sobre "comunicación profesional".

Integrarlas en el proceso de elaboración del TFG o en asignaturas de prácticas externas.

Coordinar su implementación entre varios docentes o grupos, fomentando el trabajo colaborativo entre el profesorado.

El modelo también puede modularse según el número de estudiantes:

- En grupos numerosos, es posible priorizar tareas colectivas o grabaciones asincrónicas con revisión por pares.

- En grupos pequeños, puede promoverse un mayor grado de interacción en tiempo real o presentaciones orales síncronas.

En la Tabla 2 presentamos una síntesis de las propuestas de adaptación expuestas a lo largo de este apartado.

Tabla 2. Vías de adaptación a otros contextos curriculares.

Tipo de adaptación	Descripción	Ejemplos y estrategias
1. Temática y disciplinar	Diseñar tareas comunicativas alineadas con los registros, géneros y prácticas discursivas.	- Simulaciones técnicas (ingeniería) - Comentarios críticos (ciencias sociales) - Reseñas académicas en *microblogging* (humanidades)
2. Lingüística y cultural	Ajustar el modelo según el nivel lingüístico del alumnado, la lengua de trabajo y la cultura académica.	- Tareas guiadas para niveles inferiores a B2 - Apoyos léxicos y trabajo cooperativo - Producciones graduales: grabaciones privadas
3. Tecnológica y de recursos	Adecuar el uso de herramientas digitales a la infraestructura disponible y al nivel de familiaridad tecnológica del profesorado y alumnado.	- Sustituir redes sociales por plataformas institucionales (*Teams, Classroom*) - Usar *PowerPoint* con voz o tareas presenciales grabadas
4. Organizativa y temporal	Integrar las tareas comunicativas de forma realista en la programación, adaptándolas a la carga docente y el número de estudiantes.	- Iniciar con proyectos piloto (3-4 semanas) - Integrar las tareas en bloques transversales o en el TFG - Modular las actividades (tareas colectivas en grupos grandes, presentaciones síncronas en grupos pequeños)

6. CONCLUSIONES Y PERSPECTIVAS DE FUTURO

La experiencia desarrollada en el marco del proyecto de innovación para mejorar la competencia comunicativa en el Grado en Ingeniería

Civil y sus posibilidades de transferencia a la asignatura *Professional English* (*nivel B2*) corroboran la pertinencia de integrar la competencia de comunicación efectiva en entornos técnicos de educación superior. Más allá de los logros específicos alcanzados en ambos contextos, el modelo puesto en práctica constituye una propuesta pedagógica transferible y adaptable, que responde a las demandas actuales de formación integral del estudiantado universitario (Paricio et al., 2019). Desde una perspectiva didáctica, el modelo ha demostrado que es posible trabajar esta competencia de forma transversal, utilizando tareas comunicativas contextualizadas, materiales de apoyo accesibles, y estrategias de evaluación formativa que fomentan la autorregulación y el pensamiento crítico.

La evaluación de impacto realizada en ambos escenarios ha puesto de relieve mejoras significativas en la conciencia comunicativa del alumnado, en la calidad estructural y lingüística de sus producciones, y en su grado de implicación en el proceso de aprendizaje. Además, la integración de Instagram y TikTok en el caso del PIME de redes sociales ha evidenciado el potencial de estos entornos digitales para crear espacios de interacción, expresión y coevaluación significativos, especialmente entre estudiantes de titulaciones técnicas que no siempre perciben la comunicación como un eje prioritario de su formación (Paz, 2018).

Uno de los principales valores del modelo reside en su flexibilidad metodológica y tecnológica, que permite adaptarlo a contextos disciplinares, lingüísticos y organizativos muy diversos. La Tabla 2 presentada en el apartado anterior sintetiza las claves para su implementación ajustada en distintos escenarios, siempre que se respeten los principios fundamentales del modelo: enfoque por tareas, secuencias guiadas y evaluación orientada al aprendizaje.

En términos institucionales, el desarrollo de esta experiencia también ha favorecido una mayor colaboración interdisciplinar entre profesorado de áreas lingüísticas y técnicas, abriendo espacios de diálogo que enriquecen el enfoque competencial del currículo. La necesidad de formar profesionales técnicamente competentes y, al mismo tiempo, capaces de comunicar de manera eficaz se impone como una prioridad en todos los ámbitos de la educación superior (Passow y Passow, 2017).

A partir de los resultados obtenidos, se vislumbran varias líneas de actuación futura. En primer lugar, sería conveniente consolidar el modelo en las asignaturas donde ya se ha implementado, mediante su integración plena en la programación docente, la ampliación de los recursos disponibles y la formación del profesorado implicado. Esta consolidación permitiría garantizar la sostenibilidad del enfoque más allá de su marco experimental inicial.

En segundo lugar, se propone diseñar e implementar proyectos piloto en nuevas asignaturas de grado, tanto en contextos técnicos como en ámbitos lingüísticos o humanísticos, siguiendo las orientaciones de adaptación recogidas en este capítulo. Estos pilotajes deberían contar con mecanismos de seguimiento, evaluación y documentación, de modo que permitan generar evidencia útil para futuras escalas institucionales.

Una tercera línea de desarrollo consiste en explorar nuevas herramientas digitales y formatos de comunicación emergente que permitan seguir conectando la práctica académica con los medios expresivos que utiliza el estudiantado en su vida cotidiana. Ello incluye la experimentación con plataformas de vídeo colaborativo, foros temáticos, inteligencia artificial generativa y simuladores de presentaciones profesionales, entre otros.

Por último, se propone avanzar hacia una investigación sistemática sobre el impacto longitudinal de este tipo de intervenciones en el desarrollo de la competencia comunicativa a lo largo de la trayectoria académica. Este seguimiento permitiría analizar la evolución de las habilidades del alumnado, su aplicación en contextos profesionales, y las posibles transferencias entre asignaturas o etapas formativas.

En definitiva, el modelo de comunicación efectiva presentado en este volumen, así como su adaptación en el marco del PIME en entornos digitales colaborativos, constituyen aportaciones significativas al debate sobre la innovación docente en educación superior. Su principal fortaleza reside en su capacidad de articular la dimensión formativa y humana de la comunicación, ofreciendo herramientas para formar profesionales no solo capaces de saber, sino también de dialogar y transformar su entorno.

REFERENCIAS BIBLIOGRÁFICAS

Alvarado, R. N. y Ezcurra, T. (2019). Comunicación efectiva de entornos virtuales en la formación profesional de los estudiantes universitarios. *Revista Inclusiones: Revista de Humanidades y Ciencias Sociales, 6*(2), 56–76.

Araneda-Gutiérrez, G., Illesca-Pretty, M., Godoy-Pozo, J., Cabezas-González, M. y Alveal-Barra, C. (2022). Artes escénicas como metodología de enseñanza para la comunicación efectiva en estudiantes de Enfermería en la Universidad de La Frontera, Chile. *FEM: Revista de la Fundación Educación Médica, 25*(3), 115-120. https://dx.doi.org/10.33588/fem.253.1196

Bandura, A. (1997). *Self-efficacy: The exercise of control* (Vol. 11). Freeman.

Boigues Planes, F. J., Estruch Fuster, V. D. y Vidal Meló, A. (2019). La comunicación efectiva en matemáticas: una manera de educar en competencias en la universidad. En R. Roig-Vila (Coord.), *Redes de Investigación e Innovación en Docencia Universitaria. Volumen 2019* (pp. 7–20). Institut de Ciències de l'Educació (ICE) de la Universitat d'Alacant.

Bravo Alvarado, R. N. (2021). Comunicación efectiva a través de la virtualidad en la formación universitaria. *Dilemas contemporáneos: educación, política y valores, 8*(SPE3), 1–30. https://doi.org/10.46377/dilemas.v8i.2684

Brooks, R. y O'Shea, S. (2021). *Reimagining the higher education student: Constructing and contesting identities.* Routledge.

Flowerdew, J. y Miller, L. (2005). *Second language listening: Theory and practice.* Cambridge University Press.

Grieve, R., Woodley, J., Hunt, S. E. y McKay, A. (2021). Student fears of oral presentations and public speaking in higher education: A qualitative survey. *Journal of Further and Higher Education, 45*(9), 1281–1293. https://doi.org/10.1080/0309877X.2021.1948509

Hyland, K. (2009). *Academic discourse: English in a global context.* Continuum.

Janenoppakarn, C. y Rajprasit, K. (2025). Development of a new 'Engineering English for Intercultural Communication' online course to prepare new engineers for working in intercultural workplace settings. *LEARN Journal: Language Education and Acquisition Research Network, 18*(1), 228–267. https://doi.org/10.70730/MFHC3285

Labrador, M. J. y Andreu, M. Á. (2008). *Metodologías activas.* Universitat Politècnica de València.

Leal Filho, W., Shiel, C. y Paço, A. (2016). Implementing and operationalising integrative approaches to sustainability in higher education: The role of project-oriented learning. *Journal of Cleaner Production, 133,* 126–135. https://doi.org/10.1016/j.jclepro.2016.05.079

Miralles García, J. L., Verri Liberado, E. y Gielen, E. (2025). Intercultural learning experiences for sustainable development from engineering schools. En K. A. Tzoumis & E. D. Douvlou (Eds.), *Intercultural competence through virtual exchange. Achieving the UN Sustainable Development Goals* (pp. 143–154). Springer.

Paricio, J., Fernández, A. y Fernández, I. (2019). *Cartografía de la buena docencia universitaria: Un marco para el desarrollo del profesorado basado en la investigación.* Narcea Ediciones.

Passow, H. J. y Passow, C. H. (2017). What competencies should undergraduate engineering programs emphasize? A systematic review. *Journal of Engineering Education, 106*(3), 475–526. https://doi.org/10.1002/jee.20171

Paz, H. (2018). La competencia comunicativa, un aspecto poco trabajado en la formación de ingenieros [presentación en congreso]. *Encuentro Internacional de Educación en Ingeniería ACOFI,* Cartagena de Indias, Colombia.

Silva, J. y Maturana, D. (2017). Una propuesta de modelo para introducir metodologías activas en educación superior. *Innovación Educativa (México, DF), 17*(73), 117–131.

Sumaiya, B., Srivastava, S., Jain, V. y Prakash, V. (2022). The role of effective communication skills in professional life. *World Journal of English Language, 12*(3), 134–140. https://doi.org/10.5430/wjel.v12n3p134

Vargas, D., Yanqui, F., Cutipa, R., Castillo, L. y Mamani, R. (2023). La comunicación efectiva y su importancia en el desarrollo de competencias lingüísticas del inglés en estudiantes andinos. *Instituto Universitario de Innovación Ciencia y Tecnología Inudi Perú*. https://doi.org/10.35622/inudi.b.089

Whyte, S. (2019). Revisiting communicative competence in the teaching and assessment of language for specific purposes. *Language Education & Assessment, 2*(1), 1–19. https://doi.org/10.29140/lea.v2n1.33

William, D. (2011). What is assessment for learning? *Studies in Educational Evaluation, 37*(1), 3–14.

Zumba, G. R., Aristega, A. M. M., Soto, M. A. S., Suárez, S. K. D. y García, D. I. Z. (2021). *Estrategias y metodologías de enseñanza para el aprendizaje activo en la Educación Superior*. Editorial Tecnocientífica Americana. https://doi.org/10.51736/eta2021tu5